中等职业教育机电类专业“十一五”规划教材

金属材料与热处理知识

中国机械工业教育协会
全国职业培训教学工作指导委员会　组编
机电专业委员会
孙晓旭　编

机械工业出版社

本教材是为适应“工学结合、校企合作”培养模式的要求，根据中国机械工业教育协会和全国职业培训教学工作指导委员会机电专业委员会组织制定的中等职业教育教学计划大纲编写的。本教材主要内容包括：金属的性能、金属的晶体结构与结晶、金属的塑性变形与再结晶、铁碳合金、钢的热处理、碳素钢与合金钢、铸铁、非铁金属及硬质合金、非金属材料等。

本套教材的公共课、专业基础课、专业课、技能课、企业生产实践配套，教学计划大纲、教材、电子教案（或课件）齐全，大部分教材还有配套的习题集和解答。

本教材可供中等职业技术学校、技工学校、职业高中使用。

图书在版编目(CIP)数据

金属材料与热处理知识/孙晓旭编．—北京：机械工业出版社，2008.1(2022.1重印)

中等职业教育机电类专业“十一五”规划教材

ISBN 978-7-111-22908-7

Ⅰ.金…　Ⅱ.孙…　Ⅲ.①金属材料-专业学校-教材②热处理-专业学校-教材　Ⅳ.TG1

中国版本图书馆CIP数据核字(2007)第182407号

机械工业出版社(北京市百万庄大街22号　邮政编码100037)
策划编辑：荆宏智　王晓洁
责任编辑：郁　雷　版式设计：霍永明　责任校对：张　媛
封面设计：马精明　责任印制：单爱军
北京虎彩文化传播有限公司印刷
2022年1月第1版第12次印刷
184mm×260mm·9.5印张·226千字
标准书号：ISBN 978-7-111-22908-7
定价：22.00元

凡购本书，如有缺页、倒页、脱页，由本社发行部调换

电话服务	网络服务
服务咨询热线：010-88379833	机 工 官 网：www.cmpbook.com
读者购书热线：010-88379649	机 工 官 博：weibo.com/cmp1952
	教育服务网：www.cmpedu.com
封面无防伪标均为盗版	金 书 网：www.golden-book.com

中等职业教育机电类专业“十一五”规划教材
编审委员会

主　任　郝广发　季连海

副主任　刘亚琴　周学奎　何阳春　林爱平　李长江　李晓庆
徐　彤　刘大力　张跃英　董桂桥

委　员　（按姓氏笔画排序）
于　平　王兆山　王　军　王泸均　王德意　方院生
付志达　许炳鑫　杜德胜　李　涛　杨柳青（常务）
杨耀双　何秉戌　谷希成　张正明　张　莉　周庆礼
孟广斌　赵杰士　郝晶卉　荆宏智（常务）　姜方辉
贾恒旦　奚　蒙　徐卫东　章振周　梁文侠　喻勋良
曾燕燕　蒙俊健　戴成增

策划组　荆宏智　徐　彤　何月秋　王英杰

《金属材料与热处理知识》编审人员

编　者　孙晓旭
审　者　周生环

序

为贯彻《国务院关于大力发展职业教育的决定》精神，落实文件中提出的中等职业学校实行“工学结合、校企合作”的新教学模式，满足中等职业学校、技工学校和职业高中技能型人才培养的要求，更好地适应企业的需要，为振兴装备制造业提供服务，中国机械工业教育协会和全国职业培训教学工作指导委员会机电专业委员会共同聘请有关行业专家制定了中等职业学校10个专业新的教学计划、大纲，并据此组织编写了这10个专业的“十一五”规划教材。

这套新模式的教材共近70个品种。为体现行业领先的策略，编出特色，扩大本套教材的影响，方便教师和学生使用，并逐步形成品牌效应，我们在进行了充分调研后，才会同行业专家制定了这10个专业的教学计划，提出了教材的编写思路和要求。共有22个省（市、自治区）的近40所学校的专家参加了教学计划大纲的制定和教材的编写工作。

本套教材的编写贯彻了“以学生为根本，以就业为导向，以标准为尺度，以技能为核心”的理念，“实用、够用、好用”的原则。本套教材具有以下特色：

1. 教学计划大纲、教材、电子教案（或课件）齐全，大部分教材还有配套的习题集和习题解答。

2. 从公共基础课、专业基础课，到专业课、技能课全面规划，配套进行编写。

3. 为适应“工学结合、校企合作”的新教学模式，除了在制定教学计划和专业技能课教材的编写时进行了充分考虑外，还编写了第三学年使用的《企业生产实习指导》。

4. 为满足不同地区、不同模式的教学需求，本套教材的部分科目采用了“任务驱动”形式和传统编写方式分别进行编写，以方便大家选择使用；考虑到不同学校对软件的不同要求，《模具CAD/CAM》课程我们选用三种常用软件各编写了一本教材，以供大家选择使用。

5. 贯彻了“实用、够用、好用”的原则，突出“实用”，满足“够用”，一切为了“好用”。教材每单元中均有学习目标，本章小结、复习思考题或技能练习题，对内容不做过高的难度要求，关键是使学生学到干活的真本领。

本套教材的编写工作得到了许多学校领导的重视和大力支持以及各位老师的热烈响应，许多学校对教学计划大纲提出了很多建设性的意见和建议，并推荐教学骨干主动承担教材的编写任务，为编好教材提供了良好的技术保证，在此对各个学校的支持表示感谢。

由于时间仓促，编者水平有限，书中难免存在某些缺点或不足，敬请读者批评指正。

中国机械工业教育协会
全国职业培训教学工作指导委员会
机电专业委员会

前　言

本书是为了贯彻《国务院关于大力发展职业教育的决定》精神，落实中等职业学校实行“工学结合、校企合作”的新教学模式，满足中等职业学校的教学要求，更好地适应企业用人需要，根据最新制定的《金属材料与热处理知识》教学大纲的基本要求编写的。本书适合于中等职业技术学校的机械类或近机械类专业学生作为教材使用，也可作为职业技术培训教材或有关人员自学用书。

随着科学技术的迅速发展，对技能型人才的要求也越来越高。作为培养技能型人才的中等职业技术学校，原来传统的教学模式及教材已不能完全适应现今教学的要求。本书采用最新国家标准，根据培养目标的需求，对教材内容进行了适当的调整，补充了一些新知识。注重培养学生具有良好综合素质、实践能力和创新能力，使教材更规范、更实用。本书图文并茂，内容丰富，章前有学习目标，章后有小结，各章均附有复习思考题，供教学参考。

本书由第一汽车集团公司高级技工学校孙晓旭老师编写，由太原高级技工学校周生环老师审稿。在编写过程中得到太原高级技工学校及第一汽车集团公司高级技工学校老师的指导和帮助，在此表示感谢。

由于时间仓促，编者水平有限，书中难免有错误，恳请读者指正。

书中带“＊”的章节为选学内容。

编　者

目　录

绪　论

一、本课程的性质及学习目的

本课程是一门研究金属材料的成分、组织、热处理与性能之间关系和变化规律的学科。

学习本课程的目的是使学生掌握有关金属学、热处理的基本理论及金属材料的成分、组织、热处理工艺、性能之间关系及其用途，在学完之后，能够在生产实践中，正确选用金属材料，合理设计零件，初步正确地运用热处理工艺方法，合理安排零件的加工工艺路线。

二、金属材料及热处理的发展史

金属材料的使用在我国具有悠久的历史。我国在公元前16世纪就开始使用金属材料。根据大量的出土文物考证，殷商时代，在礼器、生活用具、生产工具、武器等方面已大量使用青铜。如重达875kg的司母戊大鼎，不仅体积庞大，而且花纹精巧，造型美观，说明当时人们已具有高超的冶铸技术和艺术造诣。另外我国还是生产铸铁最早的国家，比欧洲早约2000多年。如河北武安出土的战国时期的铁锹，经金相检验证明，该材料就是现今的可锻铸铁。

在热处理技术方面，远在西汉时就有“水与火合为粹”；东汉时则有“清水淬其锋”等有关热处理技术的记载。辽阳三道壕出土的西汉钢剑，经金相检验，发现其内部组织为淬火马氏体组织。从河北满城出土的西汉书刀，检验结果发现，其心部为低碳钢组织，表层为高碳层。这些都说明早在2000年以前，我国已相继采用了许多热处理工艺，并已具有相当高的水平。

历史证明，我国古代劳动人民在金属材料及热处理技术方面，表现出极大的创造力，为这门学科的发展做出了巨大的贡献。随着科学技术的不断进步，我国在金属材料及热处理方面有了突飞猛进的发展，促进了各行各业的进步，原子弹、氢弹、人造卫星、超导材料、纳米材料、宇宙飞船等重大项目的研究成功，标志着我国在材料及加工工艺达到了一个新的水平。

三、本课程的基本内容及学习方法

1. 基本内容

本课程主要内容包括金属的性能、金属学基础知识、钢的热处理及金属材料等，同时对非金属材料也做了简单介绍。

金属的性能主要介绍力学性能和工艺性能；金属学基础知识讲述金属的晶体结构与结晶、金属的塑性变形、铁碳合金及其相图；钢的热处理主要讲述热处理原理、热处理工艺方法；金属材料讲述碳素钢、合金钢、铸铁、非铁金属及硬质合金等金属材料的牌号、成分、组织、热处理、性能及用途。另外，根据不同专业需要，本书还增加了实验及选学内容，并在章前有学习目标，章后有小结及复习思考题，以帮助学生更好地掌握本课程的基本理论知识。

2. 学习方法

金属材料与热处理是机械制造专业的一门技术基础课，它从实践中发展起来，又直接为生产实践服务，所以本课程具有很强的实践性。另外，本课程理论性又较强，名词术语多，概念多，材料种类多，内容较抽象，学习起来比较难理解。所以在学习过程中，只要很好地理解一些重要的概念和基本理论，以材料的成分、组织、性能及用途为主线，在理解的基础上加强记忆，注意理论联系实际，注重习题课、实验课和实训参观等实践教学环节，是完全可以学好这门课的。

第一章　金属的性能

学习目标　掌握金属材料的力学性能；了解金属材料的工艺性能。重点是金属材料的力学性能。

金属材料的性能包含使用性能和工艺性能两个方面。使用性能是指金属材料在使用条件下所表现出来的性能，它包括物理性能、化学性能、力学性能；工艺性能是指金属材料在制造加工过程中，适应各种冷热加工的性能，如铸造性能、锻造性能、焊接性能、切削加工性能等。

第一节　金属的力学性能

金属的力学性能是指金属在外力的作用下，抵抗变形和破坏的能力。金属材料的力学性能主要有强度、塑性、硬度、韧性和疲劳强度等。金属材料的力学性能是非常重要的，它是评定金属材料质量的主要依据，也是机械零件及工具设计和选材的主要依据。所以熟悉和掌握金属材料的力学性能具有重要的意义。

一、载荷、变形和应力

1. 载荷

零件或工具在加工或使用过程中所受的外力称为载荷。按其作用方式不同，可分为拉伸、压缩、弯曲、剪切、扭转等，如图1-1所示。按其作用性质不同可分为静载荷（大小不变或变化缓慢的载荷，如静拉力、静压力等）和动载荷（大小和方向随时间而发生改变的载荷，如冲击载荷、交变载荷等）。

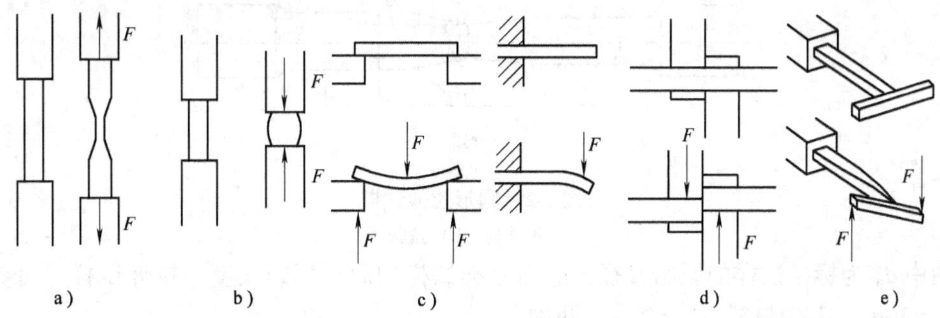

图1-1　载荷的作用形式

a）拉伸载荷　b）压缩载荷　c）弯曲载荷　d）剪切载荷　e）扭转载荷

2. 变形

金属材料在外力的作用下所发生的形状和尺寸的变化称为变形。变形分为弹性变形和塑性变形两种。

（1）弹性变形　是指随载荷的去除而消失的变形。

（2）塑性变形　也称永久变形，是指不能随载荷的去除而消失的变形。

3. 应力

金属材料受外力作用时，材料内部原子之间相互作用而产生的与外力相对抗的力称为内力。单位面积上内力的大小称为应力，用 σ 表示，其计算公式如下

$$\sigma = F/S$$

式中　F——外力（N）；（外力的大小等于内力）

S——面积（mm^2）；

σ——应力（MPa）。（$1Pa = 1N/m^2$；$1MPa = 1N/mm^2$）

二、强度

金属在静载荷的作用下，抵抗塑性变形或断裂的能力称为强度。强度的大小通常用应力来表示。

根据载荷作用方式不同，强度可分为抗拉强度、抗压强度、抗弯强度、抗剪强度和抗扭强度等五种。一般情况下多以屈服点和抗拉强度作为判别强度高低的重要依据。

抗拉强度和塑性是通过拉伸试验测定的。拉伸试验方法是将被测金属试样装夹在拉伸试验机上，在试样两端缓慢施加轴向拉伸载荷，观察试样的变形情况，同时连续测量外力和相应的伸长量，直至试样断裂。根据测得的数据，即可计算出有关的力学性能。

1. 拉伸试样

拉伸试样的截面形状一般有圆形和矩形两种。在国家标准（GB/T 228—2002）中规定，对试样的形状、尺寸及加工要求均有明确的规定。图 1-2 所示为圆形拉伸试样。

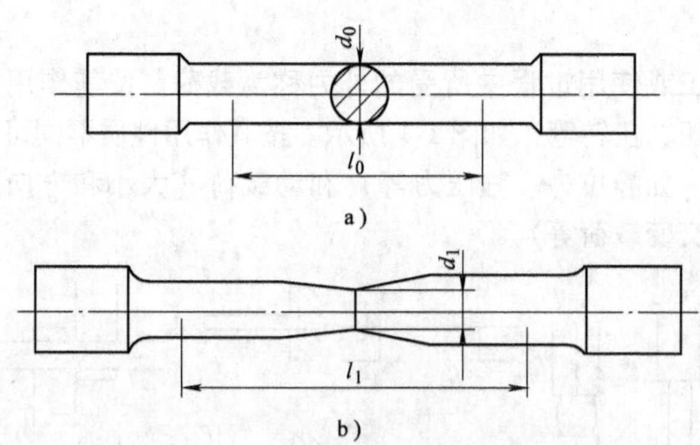

图 1-2　圆形拉伸试样

a）拉伸前　b）拉断后

图中 d_0 为标准试样的原始直径；l_0 为标准试样的原始标距长度。拉伸试样可分为长试样（$l_0 = 10d_0$）和短试样（$l_0 = 5d_0$）两种。

2. 力-伸长曲线

拉伸试验过程中，拉伸力 F 与伸长量 Δl 之间的关系曲线，称为力-伸长曲线。图 1-3 为低碳钢试样的力-伸长曲线，图中纵坐标表示力 F；横坐标表示试样伸长量 Δl。

拉伸试验过程中，会明显地出现以下几个变形阶段：

（1）Oe 为弹性变形阶段　此阶段伸长量与拉伸力成正比。F_e 为试样弹性变形时的最大载荷。

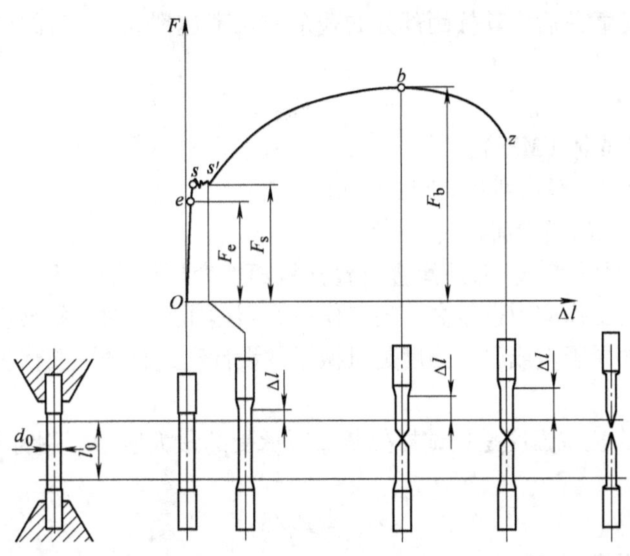

图 1-3　低碳钢试样的力-伸长曲线

（2）*es* 为微量塑性变形阶段　此阶段卸除载荷，绝大多数变形能恢复，少量发生塑性变形。

（3）*ss*′为屈服阶段　当拉伸力达到 F_s 时，力-伸长曲线出现水平台或锯齿形状，即外力不增加或略有减小的情况下，而变形继续进行，此现象称为屈服现象。拉伸力 F_s 称为屈服载荷。屈服后，材料开始出现明显的塑性变形。

（4）*s*′*b* 为强化阶段　当拉伸力超过屈服载荷 F_s 后，欲使试样继续伸长，必须不断加载。随着变形程度的增加，试样变形抗力也随之增加，这种现象称为形变强化（或加工硬化）。此阶段，试样产生均匀的塑性变形。F_b 为拉伸试样承受的最大载荷。

（5）*bz* 为缩颈阶段　当拉伸力达到 F_b 时，试样的局部截面开始收缩，称为“缩颈”现象。由于缩颈使试样局部截面积减小，导致试验力随之降低，直至试样在缩颈处断裂，“*z*”为断点。

工程上使用的金属材料，多数没有明显的屈服现象，有些脆性材料，不仅没有屈服现象，而且也不产生缩颈，如铸铁。图 1-4 为铸铁的力-伸长曲线。

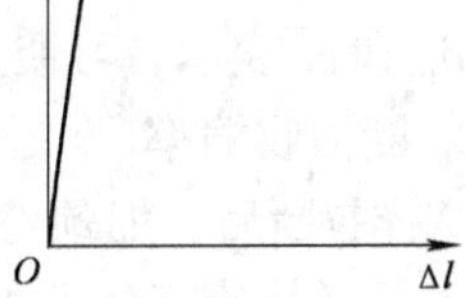

图 1-4　铸铁的力-伸长曲线

3. 强度指标

（1）屈服点　屈服点是指试样在拉伸试验过程中，载荷不增加（保持恒定），但试样仍然能够继续伸长时的应力称为屈服点，用符号 σ_s 表示。屈服点的计算公式如下

$$\sigma_s = F_s/S_0$$

式中　σ_s——屈服点（MPa）；

F_s——试样屈服时的载荷（N）；

S_0——试样原始横截面积（mm^2）。

对于无明显屈服现象的材料，国家标准规定，用残余伸长应力 $\sigma_{0.2}$ 表示，也称为屈服强

度，即表示试样卸除载荷后，其标距部分的残余伸长率达到0.2%时的应力。其计算公式如下

$$\sigma_{0.2} = F_{0.2}/S_0$$

式中 $\sigma_{0.2}$——屈服强度（MPa）；

$F_{0.2}$——残余伸长率达到0.2%时的载荷（N）；

S_0——试样原始横截面积（mm^2）。

屈服点 σ_s 和屈服强度 $\sigma_{0.2}$ 都是衡量金属材料塑性变形抗力的指标。材料的屈服点或屈服强度越高，允许的工作应力也越高，当工作应力超过屈服点时，则会引起过量的塑性变形而失效。因此材料的屈服点或屈服强度是机械零件设计和选材的主要依据，也是评定金属材料性能的重要参数。

（2）抗拉强度　抗拉强度是指试样拉断前所承受的最大应力，用符号 σ_b 表示。其计算公式如下

$$\sigma_b = F_b/S_0$$

式中 σ_b——抗拉强度（MPa）；

F_b——试样拉断前所承受的最大载荷（N）；

S_0——试样原始横截面积（mm^2）。

抗拉强度 σ_b 表征材料在静拉力作用下的最大承载能力。零件在工作中所承受的应力，不应超过抗拉强度，否则会导致断裂。所以抗拉强度也是机械零件设计和选材的重要依据。

三、塑性

塑性是指金属材料在断裂前产生塑性变形的能力。通常用断后伸长率和断面收缩率来表示。

1. 断后伸长率

试样拉断后，标距的伸长量与原始标距的百分比称为断后伸长率，用符号 δ 表示。其计算公式如下

$$\delta = (l_1 - l_0)/l_0 \times 100\%$$

式中 δ——断后伸长率；

l_1——拉断对接后的标距长度（mm）；

l_0——试样原始标距长度（mm）。

同一材料的试样长短不同，测得的断后伸长率也不同。长、短试样的断后伸长率分别用符号 δ_{10} 和 δ_5 表示，习惯上 δ_{10} 也写成 δ。

2. 断面收缩率

试样拉断后，缩颈处横截面积的缩减量与原始横截面积的百分比称为断面收缩率，用符号 ψ 表示。其计算公式如下

$$\psi = (S_0 - S_1)/S_0 \times 100\%$$

式中 ψ——断面收缩率；

S_0——试样原始横截面积（mm^2）；

S_1——试样拉断后缩颈处的横截面积（mm^2）。

金属材料的断后伸长率 δ 和断面收缩率 ψ 数值越大，表示材料的塑性越好。塑性好的材料易于塑性变形加工成复杂形状的零件。例如低碳钢的塑性好，可通过锻压加工成形。另

外，塑性好的材料，在受力过大时首先产生塑性变形而不致突然断裂。因此大多数机械零件除要求具有足够的强度外，还应具有一定的塑性。

四、硬度

硬度是指金属材料抵抗局部变形，特别是塑性变形、压痕或划痕的能力。

硬度是各种零件和工具必须具备的力学性能指标。机械制造业中所用的刀具、量具、模具等都应具备足够的硬度，才能保证使用性能和使用寿命。有些机械零件如齿轮、曲轴等，也要具有一定的硬度，以保证足够的耐磨性和使用寿命。另外，硬度是一项综合力学性能指标，其数值可间接地反映金属的强度及金属在化学成分、金相组织和热处理工艺上的差异，而与拉伸试验相比，硬度试验更为简便易行。因此，硬度试验应用十分广泛，是金属材料的一项重要的力学性能指标。

测试硬度的方法很多，常用的有布氏硬度试验法、洛氏硬度试验法和维氏硬度试验法三种。

1. 布氏硬度

（1）测试原理　使用一定直径的球体（硬质合金球）作为压头，以规定试验力压入试样表面，经规定保持时间后，卸除试验力，然后测量表面压痕直径来计算硬度，如图 1-5 所示。

布氏硬度值是指球面压痕单位面积上所承受的平均压力。用硬质合金球作为压头时，用符号 HBW 表示，其计算公式如下

$$\mathrm{HBW} = F/S = 0.102\frac{2F}{\pi D(D - \sqrt{D^2 - d^2})}$$

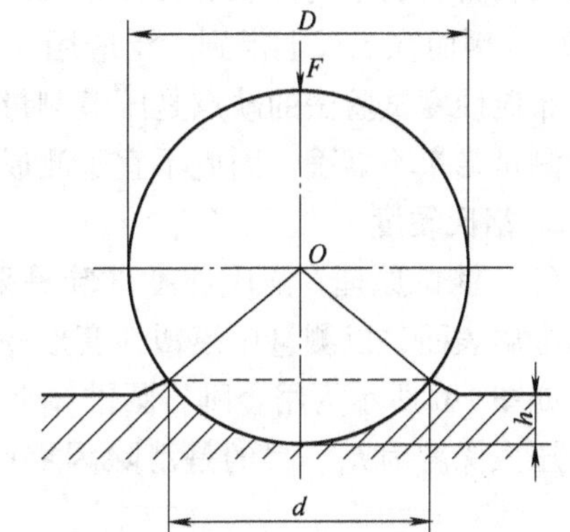

图 1-5　布氏硬度试验原理图

式中　F——试验力（N）；

S——球面压痕表面积（mm^2）；

D——球体直径（mm）；

d——压痕平均直径（mm）。

从式中可以看出，当试验力 F 和压头球体直径 D 一定时，布氏硬度值仅与压痕直径 d 大小有关。d 越小，布氏硬度值越大，材料硬度就越高，反之亦然。

在实际应用时，布氏硬度一般不用计算，而是用专用刻度放大镜量出压痕直径 d，再通过查布氏硬度值表，即可得到相应布氏硬度值，见附录 A。

（2）表示方法　一般布氏硬度值不标单位，只写明硬度的数值。布氏硬度的表示方法按以下顺序书写：硬度值、布氏硬度符号 HBW、压头球体直径、试验力、试验力保持时间（10～15s 不标注）。

例如 550HBW5/750，表示用直径 5mm 的硬质合金球体，在 7355N（750kgf）试验力的作用下，保持 10～15s 时测得的布氏硬度值为 550，简写为 550HBW。

做布氏硬度试验时，压头球体直径 D、试验力 F 及保持时间 t，应根据被测金属材料的种类、硬度值范围及金属的厚度进行选择，见表 1-1。

（3）适用范围及优缺点　布氏硬度主要适用于测定灰铸铁、有色金属、各种软钢等硬度不是很高的材料。

表 1-1　根据材料和布氏硬度范围选择试验条件

材　料	布氏硬度/HBW	F/D^2
钢及铸铁	<140	10
	≥140	30
铜及其合金	<35	5
	35~130	10
	>130	30
轻金属及其合金	<35	2.5（1.25）
	35~80	10（5或15）
	>80	10（15）
铅、锡	—	1.25（1）

布氏硬度试验法的特点是试验力大，球体直径也大，因而压痕直径也大，能较准确地反映出金属材料的平均性能。另外布氏硬度与抗拉强度之间存在着一定的近似关系（$\sigma_b \approx K \cdot$ HBW），因而在工程上得到广泛应用。

布氏硬度试验法的缺点是压痕测量较费时，测量高硬度材料时，由于压头球体本身变形而使测量结果不准确。因此不宜于测成品及较薄件。

2. 洛氏硬度

（1）测试原理　洛氏硬度试验是采用锥顶角为120°金刚石圆锥体或淬火钢球为压头，压入金属表面，以测量压痕塑性变形深度来计算洛氏硬度值。

如图1-6所示为用金刚石圆锥体为压头进行洛氏硬度试验原理图。测量时先加初试验力 F_0，压入深度为 h_1，目的是消除因零件表面不光滑而造成的误差。然后再加主试验力 F_1，

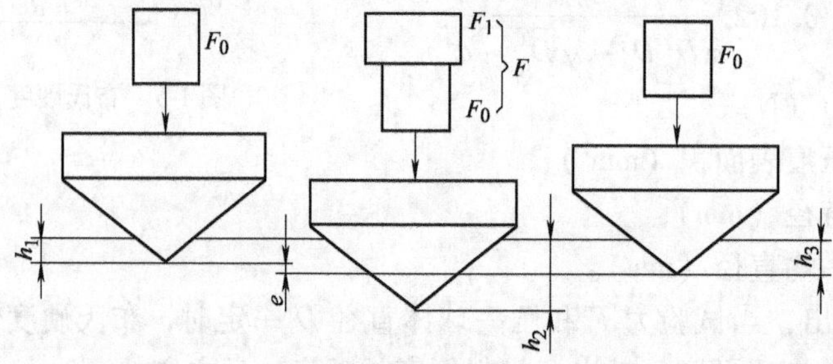

图1-6　洛氏硬度试验原理图

在总试验力（F_0+F_1）作用下，压入深度为 h_2。卸除主试验力 F_1，由于金属弹性变形的恢复，使压头回升到深度为 h_3 位置，则由主试验力 F_1 作用而引起的塑性变形的压痕深度 $e=h_3-h_1$，也称为残余压痕深度增量。显然，e 值越大，被测金属的硬度越低。为符合数值越大，硬度越高的习惯，用一个常数 K（标尺刻度满程）减去 e 来表示硬度值的大小，并用每0.002mm的压痕深度作为一个硬度单位，由此获得洛氏硬度值，用符号HR表示。其计算公式如下

$$HR = (K-e)/0.002$$

式中　K——常数，用金刚石圆锥体压头进行试验时，K 取0.2mm；用钢球压头进行试验时，K 取0.26mm；

e——残余压痕深度增量（mm）。

洛氏硬度没有单位，试验时硬度值可直接从洛氏硬度计刻度盘上读出。

(2) 常用洛氏硬度标尺及其适用范围　常用的洛氏硬度标尺有 A、B、C 三种，标注在洛氏硬度符号 HR 后面，其中 C 标尺应用最广泛。三种洛氏硬度标尺的试验条件和应用范围见表 1-2。

表 1-2　常用洛氏硬度标尺的试验条件和适用范围

硬度标尺	压头类型	总试验力/N	硬度值有效范围	应用举例
HRC	120°金刚石圆锥体	1471.0	20～67HRC	一般淬火钢件
HRB	ϕ1.588mm 钢球	980.7	25～100HRB	软钢、退火钢、铜合金等
HRA	120°金刚石圆锥体	588.4	60～85HRA	硬质合金、表面淬火钢等

洛氏硬度表示方法是硬度值写在符号 HR 前面，符号后面注明使用的标尺。如 45HRC 表示用 C 标尺测定的洛氏硬度值为 45。

(3) 优缺点　优点是压痕小，可用来测成品或较薄工件的硬度；试验操作简单迅速；采用不同硬度标尺，能测量从很软到很硬的各种金属材料。缺点是由于压痕小，当材料内部组织不均匀时，硬度值波动较大，测量结果不能反映被测材料的平均硬度值，因此在进行洛氏硬度测试时，需要在不同部位测量数次，然后取平均值来表示被测金属的硬度。

3. 维氏硬度

(1) 测试原理　如图 1-7 所示，维氏硬度测试原理与布氏硬度测试原理相同，将相对面夹角为 136°的金刚石正四棱锥体压头，以选定的试验力压入试样表面，经规定的保持时间后卸除试验力，然后测量压痕对角线的平均长度，计算出硬度值。维氏硬度是用正四棱锥体压痕单位面积上承受的平均压力表示硬度值。用符号 HV 表示，其计算公式如下

$$HV = 0.1891F/d^2$$

式中　F——试验力 (N)；

d——压痕两条对角线长度的算术平均值 (mm)。

在试验中，维氏硬度值与布氏硬度值一样，也可根据测得压痕两条对角线平均长度，从表中直接查出。

(2) 表示方法及适用范围　维氏硬度常用试验力在 49.03～980.7N 范围内，其表示方法与布氏硬度相同，硬度值写在符号前面，符号后面写试验条件，如 642HV30 表示用 294.2N (30kgf) 试验力，保持 10～15s 测定的维氏硬度值为 642。再如，642HV30/20 表示用 294.2N (30kgf) 试验力，保持 20s 测定的维氏硬度值为 642。

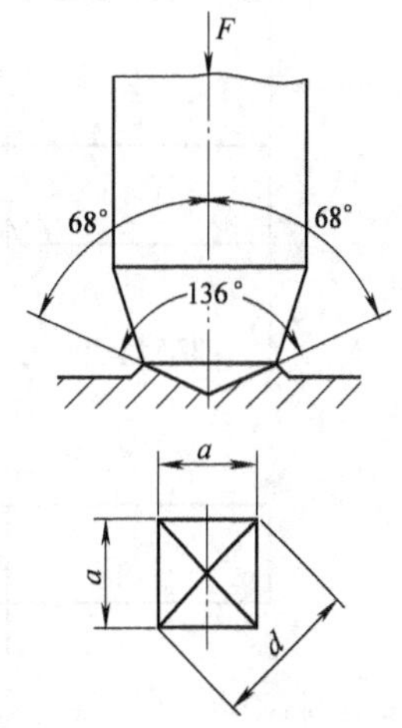

图 1-7　维氏硬度测试原理

由于维氏硬度试验时，所用试验力小，压痕深度较浅，故可测较薄工件的硬度，尤其是渗碳、渗氮层的硬度；另外维氏硬度值具有连续性 (10～1000HV)，故可测从很软到很硬的各种金属材料的硬度，且准确可靠。维氏硬度试验的缺点是测量压痕对角线长度较麻烦，且对试样表面质量要求较高。

五、冲击韧度

金属材料抵抗冲击载荷作用而不破坏的能力称为冲击韧度。

许多机械零件在工作中，往往受到冲击载荷的作用，如内燃机的活塞销、冲床的冲头、锻锤的锤杆和锻模等，制造这类零件所采用的材料，其性能指标不能单纯用静载荷作用下的指标（强度、塑性、硬度）来衡量，而必须考虑材料抵抗冲击载荷的能力，即冲击韧度的大小 。目前，常用一次摆锤冲击弯曲试验来测定金属材料的冲击韧度。

1. 冲击试样

根据国家标准规定，常用的标准试样有 10mm × 10mm × 55mm 的 U 型缺口和 V 型缺口试样，如图 1-8 和图 1-9 所示。

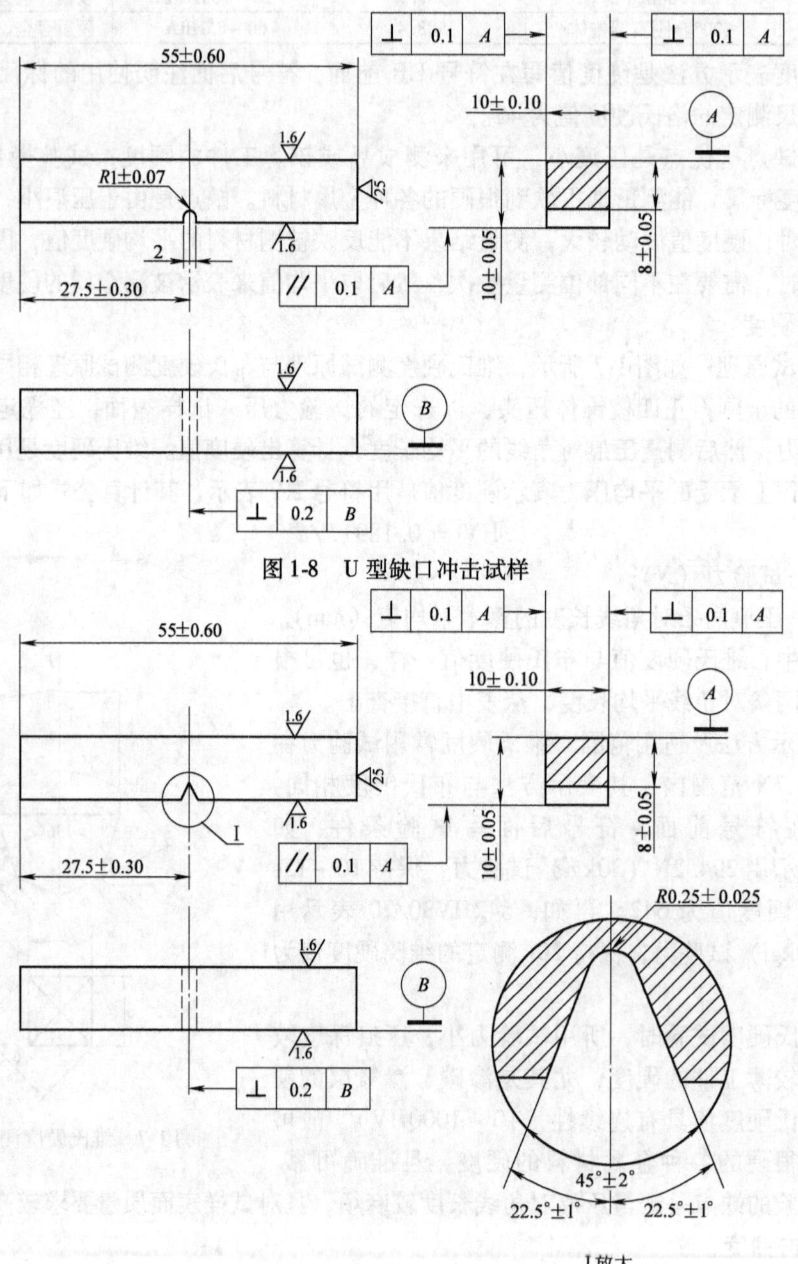

图 1-8　U 型缺口冲击试样

图 1-9　V 型缺口冲击试样

2. 冲击试验原理

冲击试验是利用能量守恒原理，即冲断试样所做的功等于摆锤冲击试样前后的势能差。

冲击试验方法是将被测金属材料的标准试样放置在试验机支架上，缺口位于两支架之间，且缺口背向摆锤冲击方向，如图1-10a所示。将一定质量的摆锤升至一定高度 H_1，则此时摆锤具有一定势能 GH_1，然后，使摆锤自由落下，将试样冲断并回升高度 H_2，则此时摆锤的剩余势能为 GH_2，如图1-10b所示。摆锤冲断试样所消耗的势能即是摆锤冲击试样所做的功，称为冲击吸收功，用符号 A_K 表示，其计算公式如下

$$A_K = GH_1 - GH_2 = G(H_1 - H_2)$$

式中 A_K——冲击吸收功（J）；

G——摆锤的重力（N）；

H_1——摆锤初始高度（mm）；

H_2——冲断试样后，摆锤回升的高度（mm）。

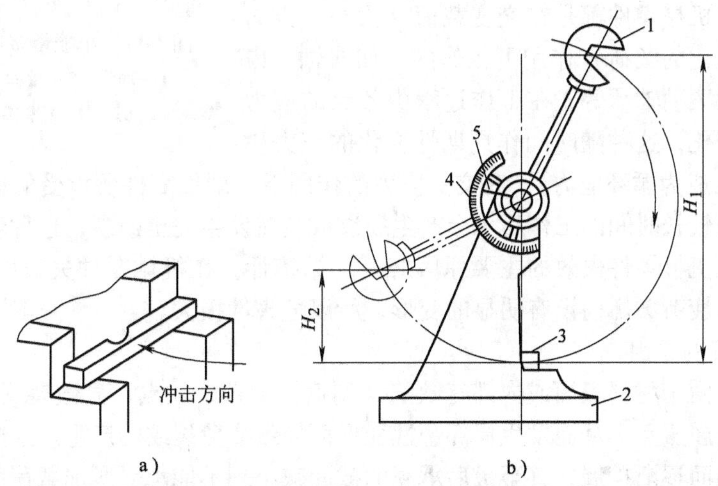

图1-10 摆锤一次冲击试验

1—摆锤 2—机架 3—试样 4—刻度盘 5—指针

试验时，A_K 值可直接从试验机刻度盘上读出。冲击吸收功 A_K 除以试样缺口处横截面积 S_0，即可得到被测材料的冲击韧度，用符号 a_K 表示，其计算公式如下

$$a_K = A_K/S_0$$

式中 a_K——冲击韧度（J/cm^2）；

A_K——冲击吸收功（J）；

S_0——试样缺口处原始横截面积（cm^2）。

冲击韧度是指冲击试样缺口处单位横截面积上的冲击吸收功。冲击韧度 a_K 值越大，材料的韧性越好。

必须说明，使用不同类型试样进行试验时，其冲击吸收功应分别标为 A_{KU} 或 A_{KV}，冲击韧度则标为 a_{KU} 或 a_{KV}。

3. 多冲击试验

实践证明，承受冲击载荷的机械零件，很少因一次大能量冲击而造破坏的，绝大多数是在小能量多冲击作用下而破坏的，如冲模的冲头等，这种破坏是由于多次冲击损伤的积累，导致裂纹的产生与扩展的结果，根本不同于一次冲击的破坏过程。对于这样的零件，用冲击韧度作为设计依据显然是不符合实际的。

小能量多冲击试验原理如图 1-11 所示。试样在冲头多次冲击下断裂，经受的冲击次数（N）代表金属的抗冲击能力。

实践证明，冲击韧度高的材料，小能量多冲击抗力不一定高。一般金属材料受大能量一次冲断试样，其冲击抗力取决于材料的冲击韧度；而小能量多冲击时，其冲击抗力主要取决于材料的强度和塑性。

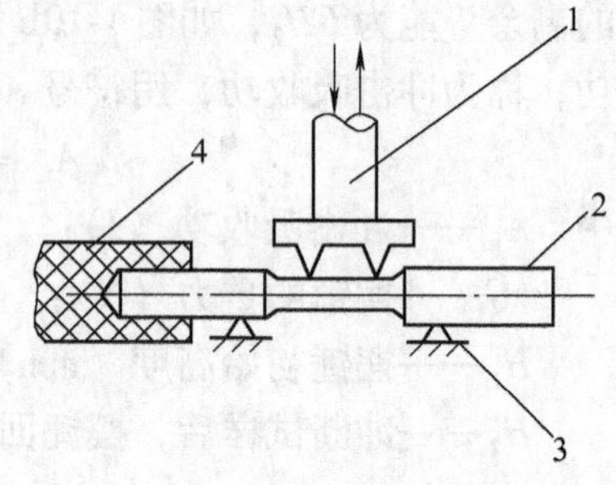

图 1-11　小能量多冲击试验原理

1—冲头　2—试样　3—支承座

4—橡胶夹头

六、疲劳强度

1. 疲劳的概念

工程上许多机械零件都是在交变载荷（大小、方向随时间周期性变化的载荷）作用下工作的，如曲轴、齿轮、弹簧、各种滚动轴承等，在工作过程中各点的应力随时间周期性变化，这种随时间作周期性变化的应力称为交变应力（也成为循环应力）。在交变应力的作用下，即使零件所承受的应力低于材料的屈服点，但经过较长时间的工作后也会产生裂纹或突然发生完全断裂，这种现象称为疲劳。

疲劳破坏是机械零件失效的主要原因之一。据统计，在机械零件失效中约 80% 以上属于疲劳破坏，而疲劳破坏前没有明显的变形，所以危害性极大。

2. 产生疲劳的原因

疲劳断裂是由于材料表面或内部有缺陷（划痕、夹杂、软点、显微裂纹等），这些地方的局部应力大于屈服点，从而发生局部塑性变形而导致疲劳裂纹的产生。这些裂纹随着循环应力次数的增加而逐渐扩展，直至最后承载的截面减小到不能承受所加载荷而突然断裂。因此，疲劳破坏的宏观断口是由疲劳裂纹的策源地及扩展区（光滑部分）和最后断裂区（粗糙部分）组成的，如图 1-12 所示。

3. 疲劳强度

描述在循环应力作用下，金属所承受的循环应力 σ 和断裂时相应的应力循环次数 N 之间关系的曲线，称为 σ-N 疲劳曲线，如图 1-13 所示。

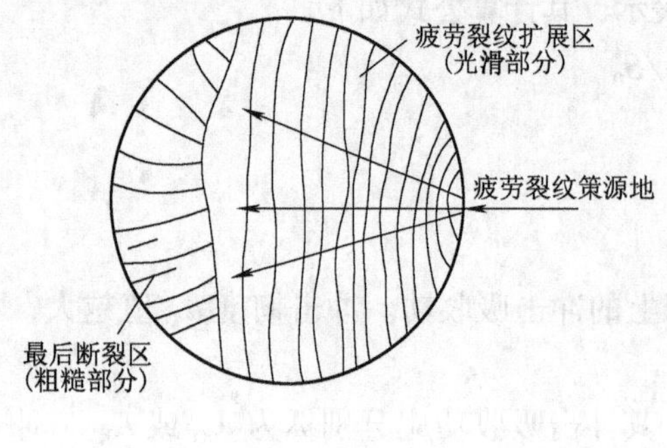

图 1-12　疲劳断裂宏观断口示意图

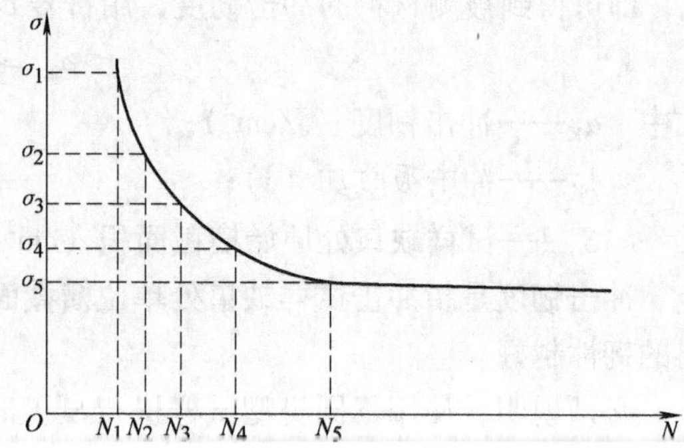

图 1-13　疲劳曲线示意图

从图 1-13 中可以看出，金属承受的交变应力越小，则断裂前的应力循环次数 N 越多，反之，则 N 越少。金属在无限次循环应力的作用下而不断裂的最大应力称为材料的疲劳强度，如图 1-13 中 σ_5。在对称循环应力作用下的疲劳强度通常用符号 σ_{-1}表示。显然，σ_{-1}的数值越大，金属材料抵抗疲劳破坏的能力越强。

实际上，金属材料不可能做无数次交变载荷试验，对于黑色金属，一般规定应力循环次数为 10^7 时，试样仍不断裂的最大应力为疲劳强度，有色金属、不锈钢为循环 10^8 次时的应力作为疲劳强度。

4. 提高疲劳强度的途径

金属的疲劳强度受到很多因素的影响，如工作条件、表面状态、材料成分、组织及残余内应力等。改善零件的结构形式、降低零件表面粗糙度值及采取各种表面强化的方法，都能提高零件的疲劳强度。

常用力学性能指标及其含义见表 1-3。

表 1-3　常用力学性能指标及其含义

力学性能	性能指标			含　义
	符号	名称	单位	
强度	σ_b σ_s $\sigma_{r0.2}$	抗拉强度 屈服点 规定残余伸长应力	MPa	试样拉断前所承受的最大应力 试样产生屈服现象时的应力 规定残余伸长率达 0.2% 时的应力
塑性	δ ψ	断后伸长率 断面收缩率		标距的伸长量与原始标距的百分比 缩颈处横截面积的缩减量与原始横截面积的百分比
硬度	HBW HRC HRB HRA HV	布氏硬度值 C 标尺洛氏硬度值 B 标尺洛氏硬度值 A 标尺洛氏硬度值 维氏硬度值		球面压痕单位面积上所承受的平均压力 用洛氏硬度标尺的满程与压痕深度之差计算硬度值 正四棱锥形压痕单位面积上承受的平均压力
冲击韧度	a_K	冲击韧度	J/cm^2	试样缺口处单位横截面积上的冲击吸收功
疲劳强度	σ_{-1}	疲劳极限	MPa	承受试样无数次循环应力作用后仍不断裂的最大应力

第二节　金属的工艺性能

工艺性能是指金属材料在加工过程中对不同加工方法的适应能力。它包括铸造性能、压力加工性能、焊接性能、切削加工性能等。工艺性能直接影响到加工的难易程度、加工质量、生产效率及加工成本等，所以工艺性能是选材和制订零件工艺路线时必须考虑的因素之一。

一、铸造性能

金属及合金能否用铸造方法获得优良铸件的能力称为铸造性能。衡量铸造性能的主要指标有流动性、收缩性和偏析倾向等。

1. 流动性

熔融金属的流动能力称为流动性，它主要受金属化学成分和浇注温度等的影响。流动性好的金属容易充满铸型，从而获得外形完整、尺寸精确、轮廓清晰的铸件。

2. 收缩性

铸件在凝固和冷却过程中，其体积和尺寸减小的现象称为收缩性。铸件收缩不仅影响尺寸精度，还会使铸件产生缩孔、疏松、内应力、变形和开裂等缺陷，故用于铸造的金属，其收缩率越小越好。

3. 偏析倾向

金属凝固后，内部化学成分和组织的不均匀现象称为偏析。偏析严重时可能使铸件各部分的组织和力学性能有很大的差异，降低铸件的质量。

有色金属（如青铜）铸造性能很好，常用于铸造精美的工艺品。铸铁的铸造性能好于钢，因此常用铸造方法生产零件。

二、压力加工性能

金属用锻压加工方法成形而获得优良锻件的难易程度称为压力加工性能。压力加工性能的好坏主要与金属的塑性和变形抗力有关。塑性越好，变形抗力越小，金属的压力加工性能越好。碳钢在加热状态下压力加工性能较好，铸铁则不能压力加工。

三、焊接性能

焊接性能是指金属材料对焊接加工的适应能力，也就是在一定的焊接工艺条件下，获得优良焊接接头的难易程度。焊接性能好的材料，容易用一般焊接方法和工艺进行操作，焊接时不易形成裂纹、气孔、夹渣等缺陷，焊接后，接头强度与母材相近。对碳钢和低合金钢，焊接性能主要同金属材料的化学成分有关（其中碳的影响最大）。如低碳钢具有良好的焊接性能，高碳钢、铸铁的焊接性能较差。

四、切削加工性能

切削加工金属材料的难易程度称为切削加工性能。切削加工性能一般由工件切削后的表面粗糙度及刀具寿命等方面来衡量。影响切削加工性能的因素主要有工件的化学成分、组织状态、硬度、塑性、导热性和形变强化等。一般认为，金属材料具有适当硬度（170～230HBW）和足够的脆性时较易切削。所以铸铁比钢的切削加工性能好，一般碳钢比高合金钢切削加工性能好，改变钢的化学成分和进行适当的热处理，是改善钢切削加工性能的重要途径。

本章小结

本章主要介绍了金属材料的力学性能指标的种类、含义、适用范围，简单介绍了金属材料工艺性能的种类、含义。要求在学习过程中，准确理解有关金属力学性能的概念、衡量指标及适用范围，并能够运用所学的理论知识对生产生活中遇到的问题进行思考分析，提出解决问题的方法，达到理论联系实际。在学习中，应善于对各种力学性能指标进行归纳总结，以巩固所学知识。

复习思考题

一、名词解释

1. 金属的力学性能 2. 强度 3. 屈服点 4. 抗拉强度 5. 塑性 6. 硬度 7. 冲击韧度 8. 疲劳现象 9. 疲劳强度 10. 金属的工艺性能 11. 弹性变形 12. 塑性变形

二、填空题

1. 金属材料的性能包括________和________两种。

2. 金属材料的力学性能包括________、________、________、________和________。

3. 塑性的衡量指标有________和________，分别用符号________和________表示。

4. 常用的硬度测试方法有________、________和________三种。

5. 洛氏硬度按选用的总试验力和压头类型不同，常用的标尺有________、________和________三种。

6. 450HBW5/750 表示用直径为________mm 的________作压头，在________kgf，即________N 试验力作用下，保持________s，测得的________硬度值为________。

7. 冲击韧度用________符号表示，其单位为________。

8. 疲劳断裂的过程包括________、________及________三部分组成。

9. 金属的工艺性能包括________、________、________和________等。

三、选择题

1. 拉伸试验能测量的力学性能指标是________。

A. 强度 B. 硬度 C. 塑性

2. 做疲劳试验时，试样承受的载荷为________。

A. 静载荷 B. 冲击载荷 C. 交变载荷

3. 测定淬火钢件的硬度，一般常选用________来测试。

A. 布氏硬度计 B. 洛氏硬度计 C. 维氏硬度计

4. 材料承受小能量多次冲击时，其抗力大小主要取决于________。

A. 冲击韧度 B. 强度 C. 塑性

四、问答题

1. 绘出低碳钢力-伸长曲线，并说明曲线上的几个变形阶段。

2. 某厂购进一批钢材，按标准规定，其力学性能指标应不低于下列数值：$\sigma_s=340\text{MPa}$，$\sigma_b=540\text{MPa}$，$\delta=19\%$，$\psi=45\%$。验收时，用该材料制成 $d_0=10\text{mm}$ 的短试样（原始标距 l_0 长度为 50mm）做拉伸试验，当试验力达到 28260N 时，试样产生屈服现象；试验力增加到 45530N 时，试样发生缩颈现象，然后断裂。拉断后的标距长度为 60.5mm，断裂处直径为 7.3mm。试计算这批钢材是否合格。

3. 布氏硬度试验法有哪些优缺点？说明其适用范围。

4. 有四种材料，它们的硬度分别为 45HRC，95HRB，850HV，220HBW，试比较这四种材料硬度的高低。

5. 简述金属产生疲劳的原因及防止疲劳的措施。

第二章　金属的晶体结构与结晶

学习目标　了解金属的晶体结构，掌握纯金属结晶的基本规律，明确晶粒大小对金属力学性能的影响，并熟悉细化晶粒的方法，理解纯铁的同素异构转变过程。重点是金属的晶体结构、纯金属的结晶、纯铁的同素异构转变。难点是晶体的形核与长大过程。

不同的金属材料具有不同的力学性能；同一种金属材料，在不同的条件下，其力学性能也是不相同。金属材料性能的这些差异，从本质来说，是由其内部组织结构所决定的。因此研究金属的晶体结构及结晶规律，对于掌握材料的性能，正确合理地选用和加工金属材料，具有很重要的意义。

第一节　金属的晶体结构

一、晶体与非晶体

固态物质按其原子的聚集状态可分为晶体和非晶体两大类。凡原子按一定规律有序排列的物质，称为晶体，如结晶盐、水晶、天然金刚石等。金属及合金在固态下一般多为晶体。凡内部原子呈无序堆积状态的物质，称为非晶体，如松香、石蜡、普通玻璃等。

晶体与非晶体的根本区别在于其内部原子的排列是否有规则；另外晶体有固定的熔点，而非晶体没有固定的熔点；晶体具有各向异性，而非晶体呈各向同性。

二、晶体结构的基本知识

1. 晶格

为了便于分析理解晶体内部原子的排列规律，通常将金属中的原子近似地看成是刚性小球，则金属晶体就是由这些刚性小球有规律地堆积而成的物体，如图 2-1 所示。

为了更形象地描述晶体中原子的排列状态，可将刚性小球简化成一个点（球心），用假想的线将这些点连接起来，就形成一个规律性的空间格架，这种描述晶体中原子排列规律的空间几何格架称为晶格，如图 2-2a 所示。

2. 晶胞

由图 2-2a 可见，根据晶格中原子排列有规律且具有周期性的特点，晶格是由一个最小几何单元重复堆积而成的，那么这个能够完整反映晶格特征的最小几何单元，称为晶胞，如图 2-2b 所示。

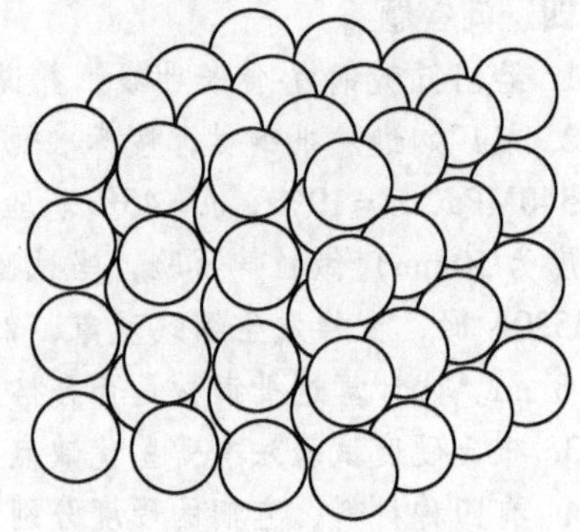

图 2-1　晶体内部原子排列示意图

3. 晶面和晶向

（1）晶面　在晶体中由一系列原子组成的平面，称为晶面，如图 2-3 所示。

（2）晶向　通过两个或两个以上原子中心的直线，可代表晶格空间排列的一定方向，称为晶向，如图 2-4 所示。

由于同一晶格的不同晶面和晶向上原子排列的疏密程度不同，则原子结合力也不同，从而在不同的晶面和晶向上显示出不同的性能，这就是晶体具有各向异性的原因。

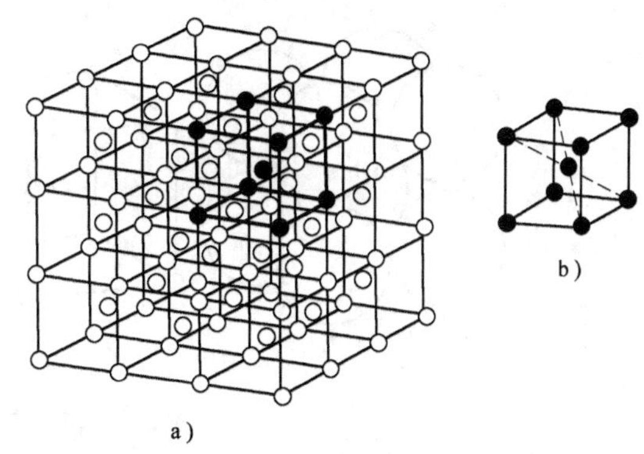

图 2-2　晶格和晶胞示意图
a）晶格　b）晶胞

三、常见的金属晶格类型

在已知的 80 多种金属中，除少数金属具有复杂的晶体结构外，大多数金属晶体结构属于以下三种类型。

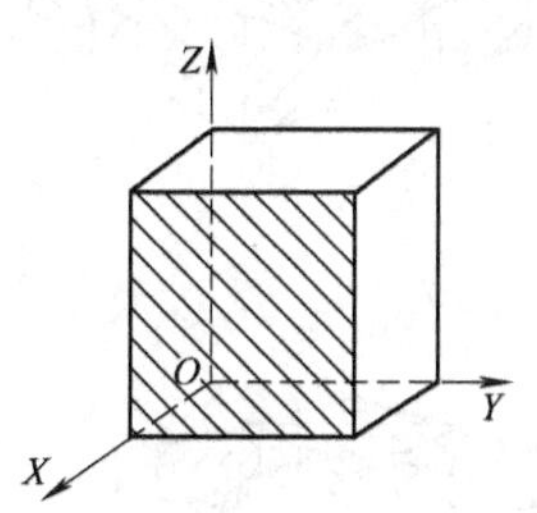

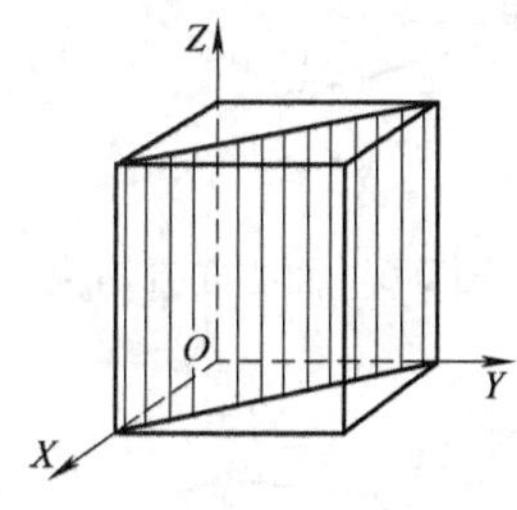

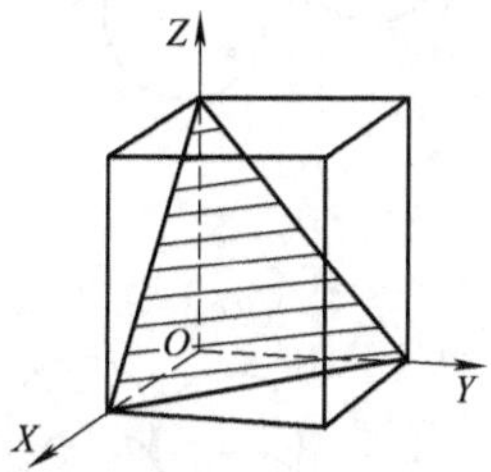

图 2-3　立方晶格中的晶面

1. 体心立方晶格

如图 2-5 所示为体心立方晶格示意图。从图中可见，晶胞为立方体，原子位于立方体的八个顶角和立方体中心。具有这种晶格类型的金属有 α-铁（α-Fe）、钨（W）、钼（Mo）、铬（Cr）、钒（V）等。

2. 面心立方晶格

如图 2-6 所示为面心立方晶格示意图。从图中可见，晶胞为立方体，原子位于立方体的八个顶角和立方体六个面中心。具有这种晶格类型的金属有 γ-铁（γ-Fe）、铝（Al）、铜（Cu）、铅（Pb）、镍（Ni）、金（Au）、银（Ag）等。

图 2-4　立方晶格中的晶向

3. 密排六方晶格

如图 2-7 所示为密排六方晶格示意图。从图中可见，晶胞为正六棱柱体，原子位于柱体的每个顶角和上、下底面中心，另外在柱体中间还有三个原子。具有这种晶格类型的金属有镁（Mg）、锌（Zn）、铍（Be）、镉（Cd）等。

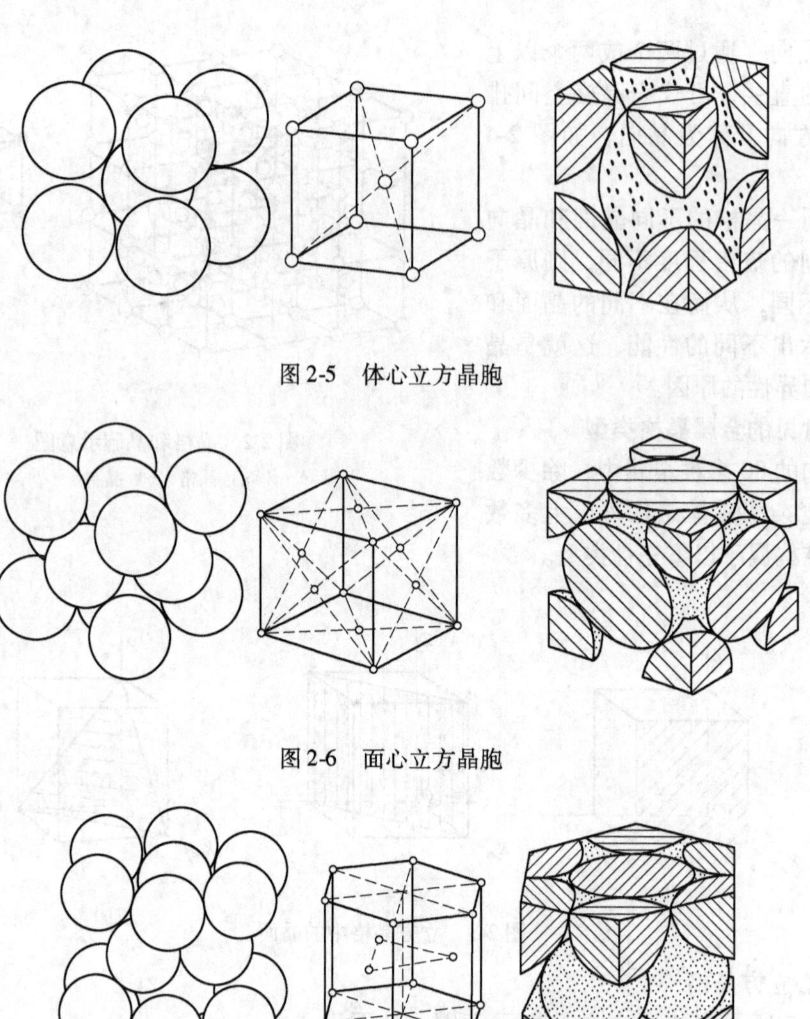

图 2-5　体心立方晶胞

图 2-6　面心立方晶胞

图 2-7　密排六方晶胞

第二节　纯金属的结晶

金属由液态经冷却转变为固态的过程，也就是由原子不规则排列的液体逐步过渡到原子规则排列的晶体状态的过程，称为结晶。金属材料的熔炼和铸造，都要经历由液态变成固态的凝固过程。金属的性能与金属结晶后形成的组织密切相关，所以了解金属材料结晶过程的基本规律，对于掌握和控制金属材料的组织及性能具有十分重要的意义。

一、纯金属的冷却曲线及过冷度

纯金属的结晶过程可以通过热分析法进行研究，图 2-8 为热分析实验装置示意图。将纯金属熔化成液体，然后让其缓慢冷却，在冷却过程中，每隔一定时间测量一次温度，将记录的数据绘制在温度-时间坐标图中，便获得纯金属的冷却曲线，如图 2-9 所示。

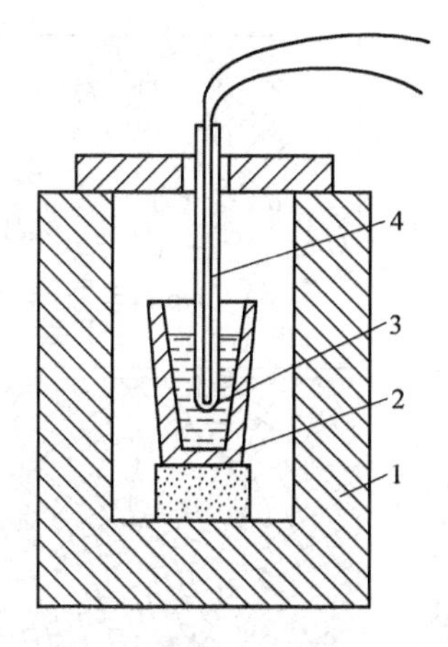

图 2-8　热分析法装置示意图

1—电炉　2—坩埚　3—金属液　4—热电偶

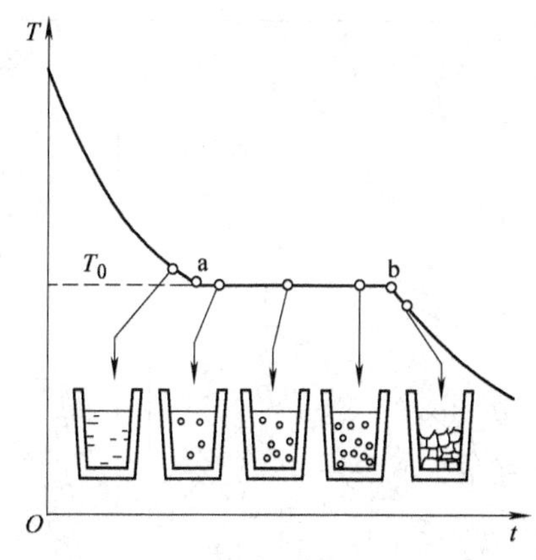

图 2-9　纯金属的冷却曲线

由冷却曲线可以看出，液态金属随着时间的延长，由于热量向外散失，温度不断下降，当冷却到某一温度（a 点）时，冷却时间虽然延长，但温度并不降低，因为此阶段金属在结晶过程中，释放的结晶潜热补偿了向外界散失的热量，因此在冷却曲线上出现了一个水平台，直到 b 点结晶终了，温度又继续下降。a ~ b 两点之间的水平阶段即为结晶阶段，它所对应的温度就是纯金属的理论结晶温度，用符号 T_0 表示。

理论结晶温度 T_0 是在极其缓慢的冷却条件下（即平衡条件下）所测得的。实际上，由于冷却速度较快，液态金属总是冷却到理论结晶温度 T_0 以下某一温度 T_1 才开始结晶的，如图 2-10 所示。T_1 为实际结晶温度，它总是低于理论结晶温度 T_0，这一现象称为“过冷现象”。理论结晶温度 T_0 与实际结晶温度 T_1 的差值称为过冷度（$\Delta T = T_0 - T_1$）。金属结晶时，过冷度与冷却速度有关，冷却速度越快，金属的实际结晶温度越低，过冷度就越大。所以过冷是纯金属结晶的必要条件。

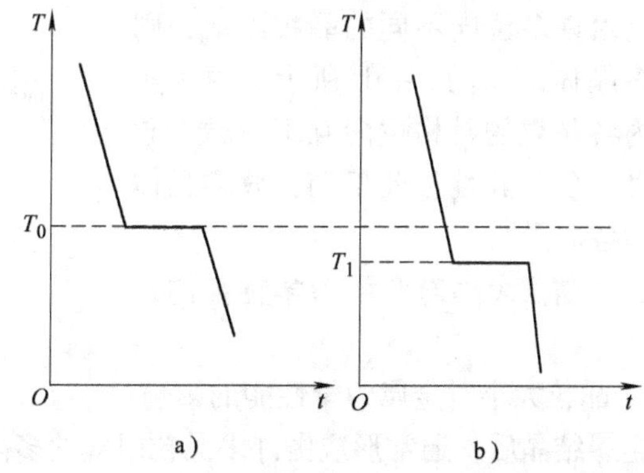

图 2-10　纯金属结晶时的冷却曲线

a）理论结晶　b）实际结晶

二、纯金属的结晶过程

液态金属在达到结晶温度开始结晶时，首先从液态金属中形成一些微小而稳定的小晶体，称为晶核，然后随着时间的推移，晶核不断长大，与此同时，液体中不断形成新晶核，并不断长大，直到它们彼此相互接触，液态金属完全消失而全部转变为固态，如图 2-11 所示。因此，结晶过程是由晶核形成与晶核长大两个过程组成。

由图 2-11 可见，金属结晶后形成许多外形不规则而内部原子排列规则的小晶体，称为晶粒。由于每个晶粒的位向不同，使它们相遇时不能融合为一体，则形成晶粒与晶粒之间分界面称为晶界。如图 2-12 所示为在显微镜下观察到的金属多晶体显微组织。

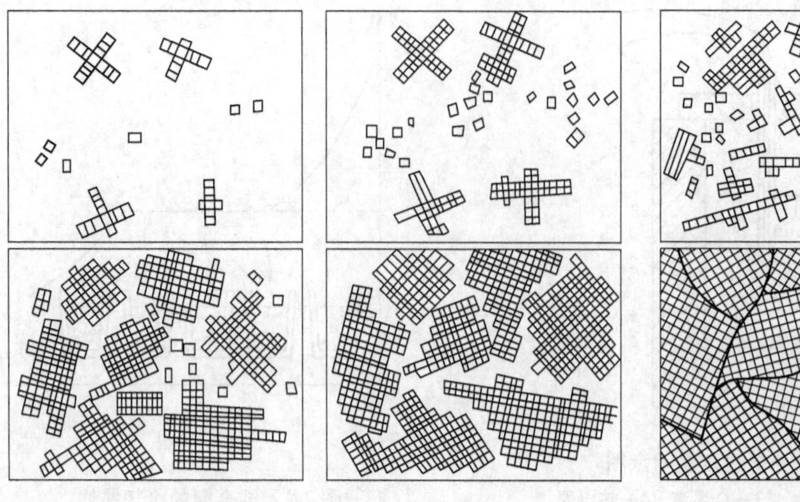

图 2-11　纯金属结晶过程示意图

结晶后只有一个晶粒的晶体称为单晶体，如图 2-13a 所示，单晶体中原子排列位向完全一致，其性能呈各向异性，如半导体材料单晶硅等。如果结晶后的晶体是由许多位向不同的晶粒组成，则称为多晶体，如图 2-13b 所示。由于多晶体内各晶粒的晶格位向互不一致，它们自身的各向异性彼此抵消，故多晶体显示为各向同性。

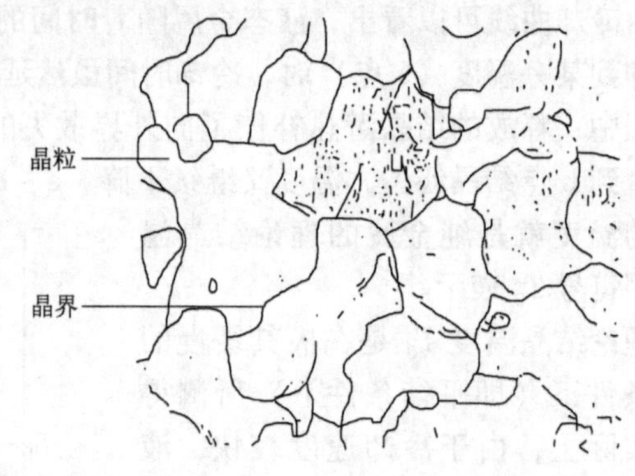

图 2-12　纯铁的显微组织

三、晶粒大小对金属力学性能的影响

1. 晶粒大小对金属力学性能的影响

金属结晶后，通常形成由许多晶粒组成的多晶体，所以晶粒大小对金属力学性能影响很大。一般情况下，金属晶粒越细小，其强度、硬度越高，塑性、韧性越好。表 2-1 为纯铁的

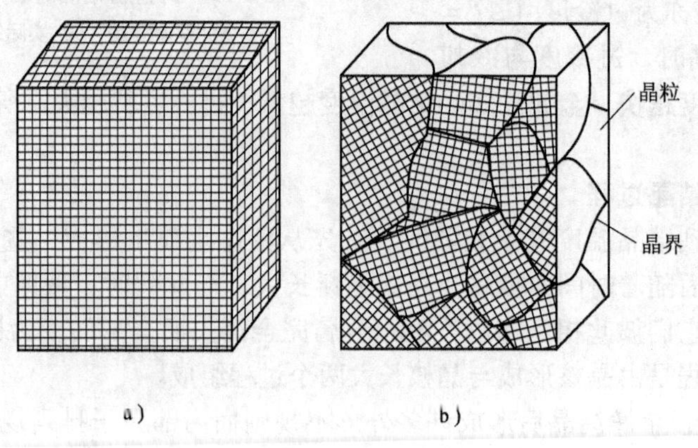

图 2-13　单晶体和多晶体结构示意图

a）单晶体　b）多晶体

晶粒大小对力学性能的影响。因此生产上获得细晶粒组织也是强化金属材料的重要手段之一。

表 2-1 纯铁的晶粒大小对力学性能的影响

晶粒平均直径/μm	σ_b/MPa	δ（%）
97	168	28.8
70	184	30.6
25	215	39.5
2.0	268	48.8
1.6	270	50.7
1	284	50

2. 细化晶粒方法

控制单位体积内的晶粒数目，就可以控制晶粒的大小。单位时间、单位体积金属液体内形成的晶核数目称为形核率（N）。一般来说，结晶时形核率越高，晶核长大速度越慢，结晶后单位体积内晶粒数目越多，晶粒越细小。因此，细化晶粒的根本途径是控制形核率 N 及晶核长大速度 v。常用的细化晶粒方法有以下几种：

（1）增加过冷度　如图 2-14 所示，金属结晶时的形核率 N 和晶核长大速度 v 均随过冷度的增大而增加，但在很大范围内形核率比晶核长大速度增加更快，因此，增加过冷度能使晶粒细化。这种方法适用于中、小型铸件。如在铸造生产中，金属型铸造比砂型铸造可获得更细晶粒的铸件。

（2）变质处理　在浇注前向液态金属中加入少量的形核剂（又称变质剂或孕育剂），以增加结晶时的形核数目，从而细化晶粒，这种方法称为变质处理。变质处理在生产中应用广泛，如铸铁在结晶时加入变质剂硅铁和硅钙合金，以达到细化晶粒的目的。

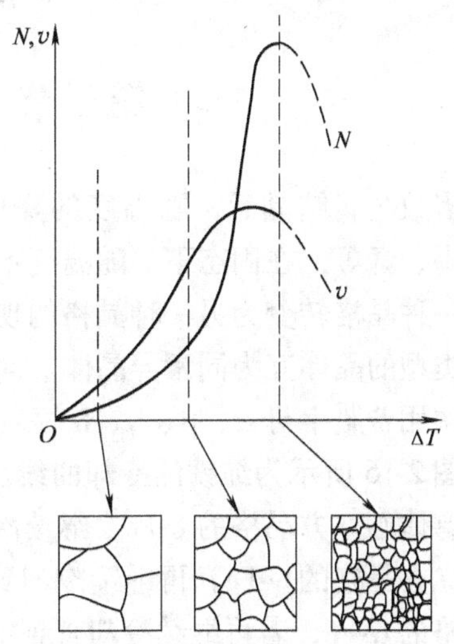

图 2-14　形核率和晶核长大速度与过冷度的关系示意图

（3）附加振动　即在金属结晶时施加机械振动、电磁振动、超声波振动等，可使金属在结晶初期形成的晶粒破碎，以增加晶粒数目，从而达到细化晶粒的目的。

四、实际金属的晶体结构

在实际使用的金属中，由于加入了其他种类的原子及材料，在凝固过程中受到各种因素的影响，总是不可避免地存在不规则的原子排列的区域，这些区域称为晶体缺陷。根据缺陷存在的几何形式，将晶体缺陷分为点缺陷（空位、间隙原子）、线缺陷（位错）、面缺陷（晶界、亚晶界）。常见的缺陷如图 2-15 所示。这些缺陷的存在会对金属材料的性能产生很大的影响。一般情况，由于缺陷会产生晶格畸变，使塑性变形的抗力增加，从而使金属材料的强度、硬度提高。

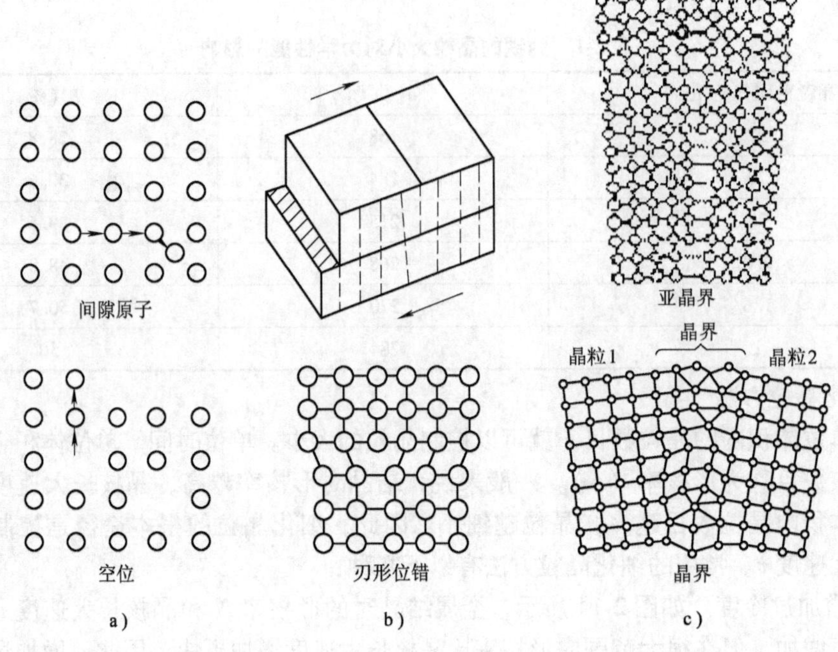

图 2-15　晶体缺陷

a）点缺陷　b）线缺陷　c）面缺陷

第三节　金属的同素异构转变

多数金属结晶后，随温度的降低，其晶格形式不再发生变化。但有些金属如铁、钴、钛、锡、锰等，在固态下，随温度不同，其晶格结构形式也不同。金属在固态下随温度的改变由一种晶格转变为另一种晶格的现象，称为同素异构转变。由同素异构转变所得到的不同晶格类型的晶体互为同素异晶体。同一金属的同素异晶体按其稳定存在的温度，由低温到高温依次用希腊字母 α、β、γ、δ 等表示。

图 2-16 所示为纯铁的冷却曲线。由冷却曲线可见，液态纯铁在 1538℃时开始结晶，得到具有体心立方晶格的 δ-Fe，继续冷却到 1394℃时发生同素异构转变，由 δ-Fe 转变为具有面心立方晶格的 γ-Fe，再继续冷却到 912℃时又发生同素异构转变，由 γ-Fe 转变为体心立方晶格的 α-Fe，若再继续冷却直到室温，α-Fe 晶格类型不再发生变化。纯铁的同素异构转变过程可用下式表达

$$\underset{(\text{体心立方晶格})}{\delta\text{-Fe}} \xrightleftharpoons{1394℃} \underset{(\text{面心立方晶格})}{\gamma\text{-Fe}} \xrightleftharpoons{912℃} \underset{(\text{密排六方晶格})}{\alpha\text{-Fe}}$$

金属的同素异构转变与液态金属的结晶过程有许多相似之处，实际上它是重结晶的过程。同素异构转变遵循结晶的一般规律，也是一个形核及晶核长大的过程（如图 2-17 所示），且晶核优先在晶界处形成；转变过程也是在恒温下完成，转变时有过冷现象且有较大

的过冷度；转变过程中有潜热释放；转变过程因晶格的变化而引起金属体积的变化（如γ-Fe 转变为α-Fe时，体积膨胀约1%），所以转变时会产生较大的内应力。

同素异构转变是纯铁的一个重要特性，是钢铁材料能够进行热处理的理论依据。

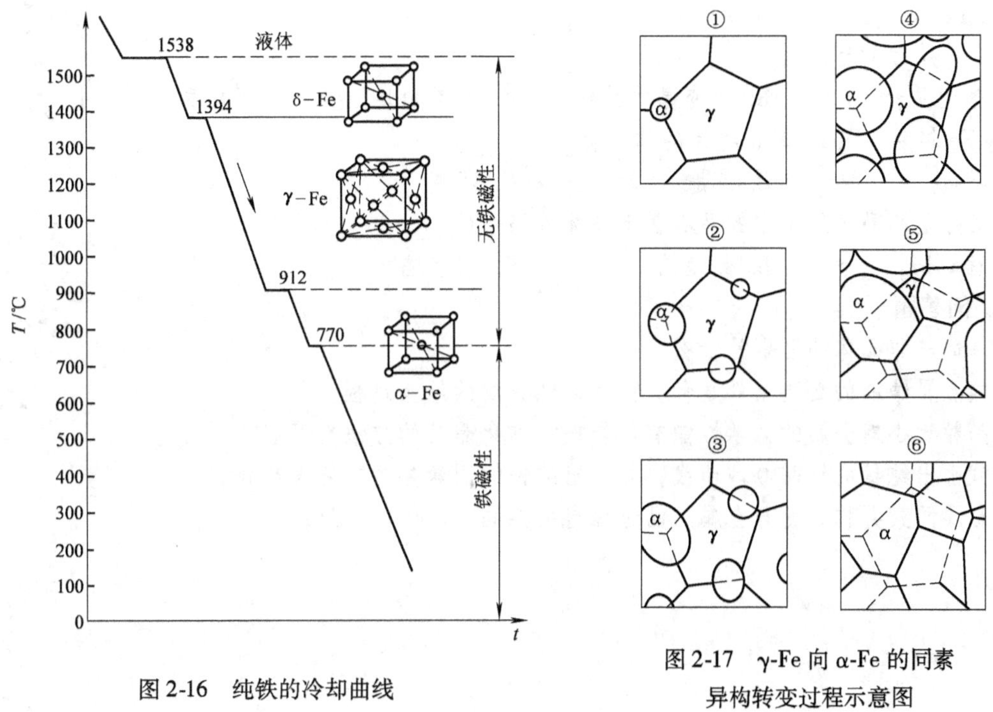

图 2-16　纯铁的冷却曲线

图 2-17　γ-Fe 向 α-Fe 的同素异构转变过程示意图

本章小结

本章主要介绍了金属的晶体结构、结晶及同素异构转变。在学习过程中，首先应很好地理解晶体结构及结晶的基本概念，明确不同金属的晶体结构特征的区别，掌握金属结晶及同素异构转变过程，为以后学习铁碳合金和钢的热处理打下良好基础。

复习思考题

一、名词解释

1. 晶体　2. 非晶体　3. 晶格　4. 晶胞　5. 单晶体　6. 多晶体　7. 晶粒　8. 结晶　9. 变质处理　10. 同素异构转变

二、填空题

1. 常见的金属晶格类型有________、________和________三种。

2. ________与________的差值称为过冷度。________越快，金属的________越低，过冷度就越大。

3. 纯金属的结晶过程是由________与________两个过程组成的。

4. 实际金属的晶体缺陷有________，如________和________；________，如________；________，如________和________等。

三、选择题

1. α-Fe是具有________晶格的铁。

A. 体心立方　　B. 面心立方　　C. 密排六方

2. 纯铁在1500℃时称为________，在1000℃时称为________，在室温时称为________。

A. α-Fe　　B. γ-Fe　　C. δ-Fe

3. 变质处理的目的是________。

A. 细化晶粒　　B. 改变晶体结构　　C. 改善冶炼质量，减少杂质

4. γ-Fe转变为α-Fe时，纯铁的体积会________。

A. 收缩　　B. 膨胀　　C. 不变

5. 实际金属晶体结构中的晶界属于晶体缺陷中的________。

A. 面缺陷　　B. 线缺陷　　C. 点缺陷

四、问答题

1. 晶体与非晶体的区别是什么？
2. 纯金属结晶的必要条件是什么？试述纯金属的结晶过程。
3. 晶粒大小对金属的力学性能有何影响？细化晶粒的方法有哪些？
4. 试画出纯铁的结晶冷却曲线，并写出纯铁的同素异构转变表达式。
5. 金属同素异构转变与金属结晶过程有何异同？

*第三章　金属的塑性变形与再结晶

学习目标　了解金属塑性变形的基本原理，掌握冷塑性变形和热塑性变形对金属性能的影响。冷塑性变形对金属性能的影响和回复与再结晶是本章的重点，难点是多晶体的塑性变形过程。

在机械制造中，许多金属制品是在制成铸锭后再经过压力加工成形的。常见的金属压力加工方法有锻造、冲压、挤压、轧制、拉拔等，如图 3-1 所示。

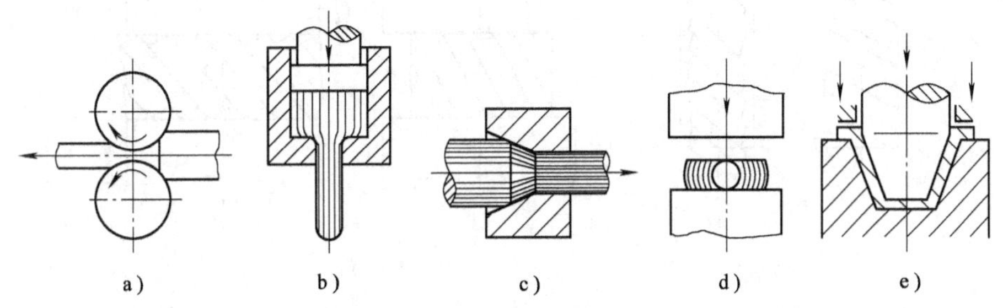

图 3-1　压力加工方法示意图

a）轧制　b）挤压　c）冷拔　d）锻造　e）冷冲压

金属经压力加工后，不仅改变了外形尺寸，而且改变了内部组织和性能。因此，研究金属的塑性变形过程，对于选择金属材料的加工工艺，提高产品质量，合理使用金属材料等有很重要的意义。

第一节　金属的塑性变形

金属在外力作用下将产生变形，其变形过程包括弹性变形和塑性变形两个阶段。弹性变形在外力去除后能够恢复原状，不能用于成形加工，而塑性变形属于永久变形，可用于成形加工。

金属产生弹性变形后，其组织和性能不发生改变，而塑性变形对金属的组织和性能产生很大影响。因此了解金属的塑性变形对于掌握压力加工的基本原理有重要的意义。

一、单晶体的塑性变形

单晶体的塑性变形主要是以滑移的方式进行的，即晶体的一部分沿着一定的晶面和晶向相对另一部分发生滑动，如图 3-2 所示。要使晶体产生滑移，必须是作用在晶体上的切应力达到一定的数值。当原子滑动到新的平衡位置时，晶体就产生了微量塑性变形。大量晶面滑移的总和，就产生了宏观的塑性变形，如图 3-3 所示为锌单晶体滑移变形的情况。

研究表明，滑移是沿原子排列最密集的晶面和晶向进行的。晶体中能够发生滑移的晶面和晶向称为滑移面和滑移方向。金属晶体结构不同，其滑移面和滑移方向的数目不同，金属的塑性也就有差异。一般来说，滑移面和滑移方向的数量越多，金属的塑性就越好。

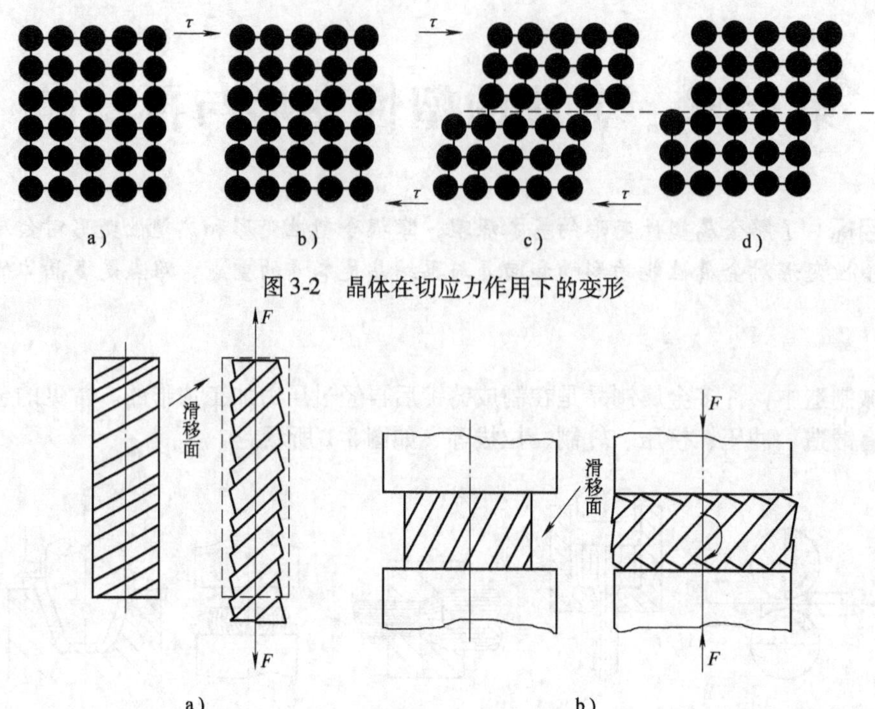

图 3-2　晶体在切应力作用下的变形

图 3-3　锌单晶体滑移变形示意图

a）拉伸　b）压缩

理论和实践证明，晶体滑移时，并不是滑移面上全部原子的整体移动，这样需要克服的滑移阻力十分巨大。实际上滑移是借助晶体中位错的移动来实现的，如图 3-4 所示。位错的原子面处于不稳定的平衡位置，在切应力作用下，位错线上的部分原子移动一个原子间距，大量位错移出晶体表面，就产生了宏观塑性变形。因此，通过位错实现滑移，所需克服的滑移阻力很小，滑移很容易进行。

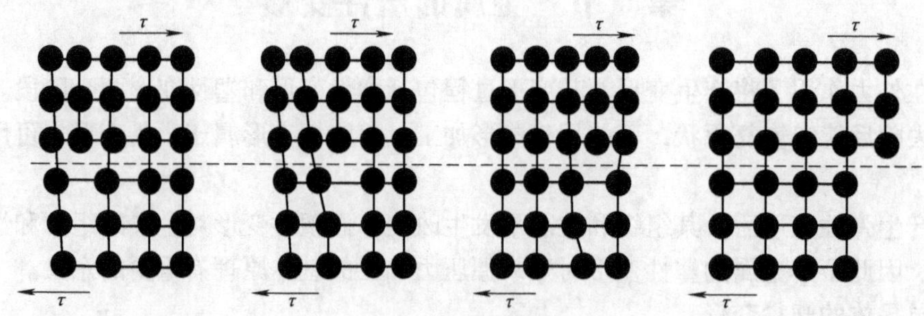

图 3-4　通过位错运动产生滑移示意图

二、多晶体的塑性变形

常用的金属材料都是多晶体。由于多晶体中相邻晶粒的位向不同，并且各晶粒之间又存在晶界，各晶粒的塑性变形互相约束，因此多晶体的塑性变形过程比单晶体复杂，具有以下特点：

1. 晶粒位向的影响

由于多晶体中各晶粒的晶格位向不同，在外力作用下，有的晶粒处于有利于滑移的位置，有的晶粒处于不利于滑移的位置，如图 3-5 所示。当处于有利于滑移位置的晶粒要进行滑移时，必然受到周围不同位向的其他晶粒的阻碍，使滑移阻力增加，从而使金属的塑性变形抗力增加。

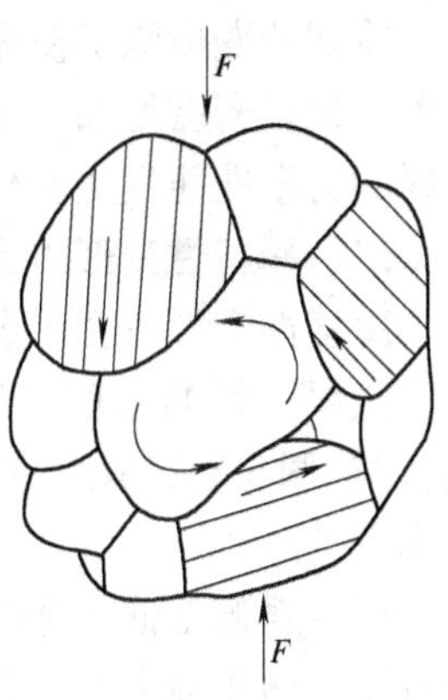

图 3-5　多晶体塑性变形示意图

2. 晶界的作用

多晶体中，晶界处原子排列比较紊乱，晶格畸变程度较大，位错移动的阻力大，因而阻碍了滑移的进行，使塑性变形的抗力增大。如图 3-6 所示为两个晶粒试样在拉伸时的变形，由于晶界的作用，变形表现为竹节形状。

3. 晶粒大小的影响

多晶体的塑性变形不仅与金属的晶体结构有关，而且与晶粒大小也有关。在一定体积内，晶粒数目越多，晶界数目越多，晶粒就越细小，并且不同位向的晶粒越多，因而金属的塑性变形抗力也越大，金属的强度越高。在同样的变形条件下，晶粒越细小，变形可分散到更多晶粒内进行，不易产生集中变形。另外，晶粒越细小，晶界越多越曲折，不利于裂纹的扩展，从而使金属在断裂前能承受较大的塑性变形，表现为具有较好的塑性和韧性。

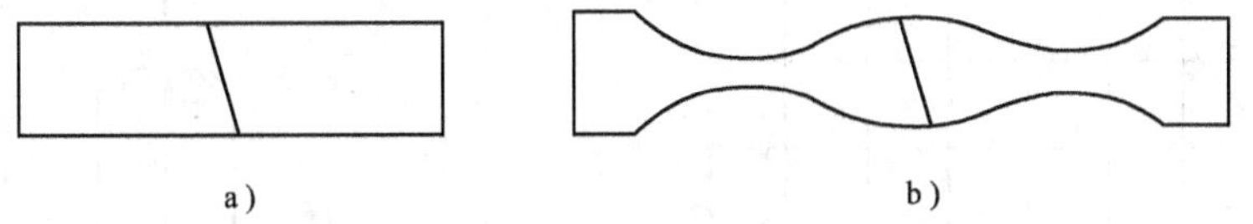

图 3-6　两个晶粒试样在拉伸时的变形

a）变形前　b）变形后

第二节　冷塑性变形对金属组织和性能的影响

冷塑性变形不仅改变了金属的形状和尺寸，而且还使其内部组织和性能发生了一系列变化。

一、冷塑性变形对金属组织的影响

金属发生塑性变形时，在外形改变的同时，其内部晶粒也发生了变化，如图 3-7 所示。当变形程度很大时，晶粒会沿着变形方向伸长，形成细条状，金属中的夹杂物也被拉长，形成纤维状组织，称为冷加工纤维组织。形成纤维组织后，使金属的性能具有明显的方向性。

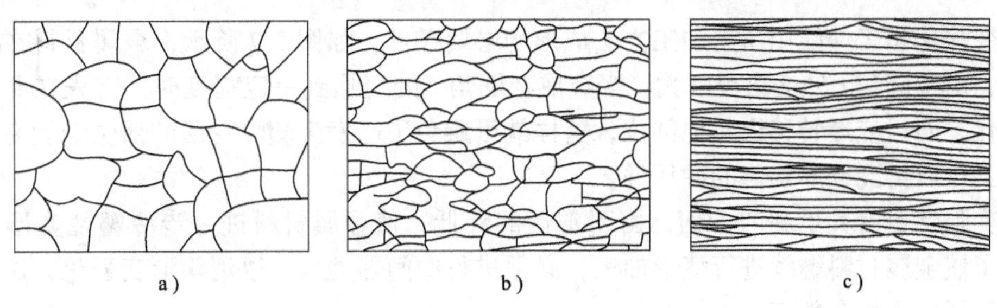

图 3-7　冷塑性变形时晶粒形状变化示意图

a）未变形　b）变形程度小　c）变形程度大

冷塑性变形除了使晶粒的形状发生变化外，还会使晶粒内部的亚晶粒碎化，亚晶界数量增多，位错密度增加，晶格畸变加剧，使滑移阻力增加，因而增加了塑性变形抗力，使金属材料的力学性能发生变化。

二、冷塑性变形对金属性能的影响

冷塑性变形改变了金属内部的组织结构，引起力学性能的变化。随着塑性变形程度的增加，金属材料的强度、硬度提高，而塑性、韧性下降的现象称为形变强化（或称加工硬化）。如图 3-8 所示为冷塑性变形对金属力学性能的影响。实线为冷轧纯铜，虚线为冷轧低碳钢。

形变强化是强化金属材料的重要手段之一，尤其对那些不能用热处理强化的金属材料更为重要。例如纯金属、多数铜合金、奥氏体型不锈钢等，在出厂前，都要经过冷轧或冷拉加工。另外形变强化还可以使金属材料具有瞬时抗超载能力，从而在一定程度上提高了构件使用中的安全性。

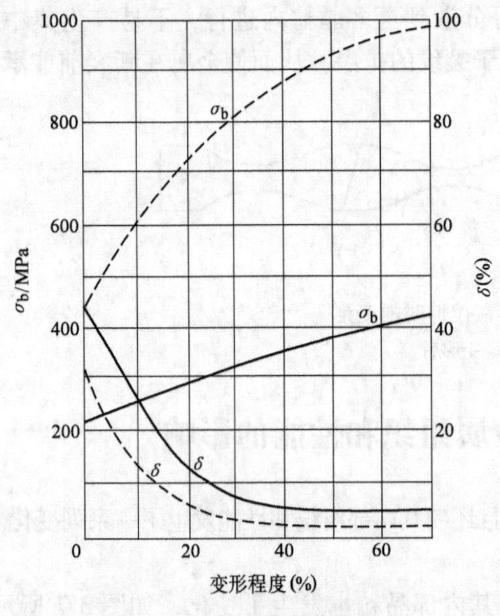

图 3-8　冷塑性变形对金属力学性能的影响

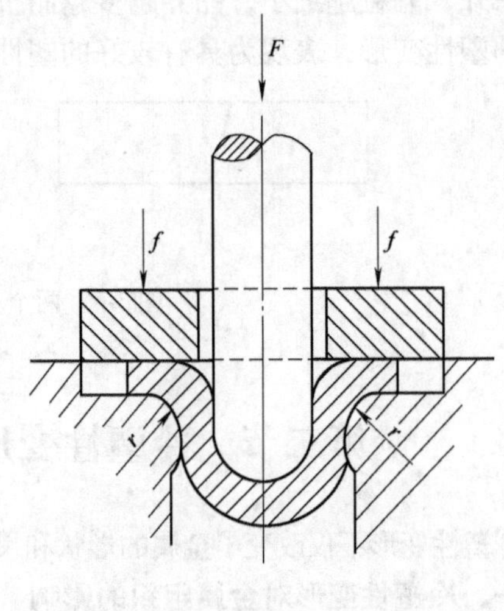

图 3-9　冲压加工示意图

形变强化是工件能用压力加工方法成形的必要条件。如图 3-9 所示，金属材料在冷冲压过程中，由于圆角 r 处变形程度大，当金属在圆角 r 处变形到一定程度时，首先在此处产生形变强化，而后变形转移到其他部位，这样就可避免了已发生塑性变形的部位继续变形导致破裂，又可以得到壁厚均匀的冲压件。

形变强化也有其不利的一面，由于塑性的降低，使金属材料进一步冷塑性变形变得困难。为了使金属材料继续进行变形加工，必须进行中间热处理，以消除形变强化，这就增加了成本，降低了生产效率。

塑性变形除了影响金属的力学性能外，还会使金属的某些物理性能、化学性能发生变化，如电阻增加、化学活性增加、耐腐蚀性降低等。

第三节　回复与再结晶

经冷塑性变形的金属，其内部组织结构发生了改变，而且由于金属各部分变形不均匀，还会在金属内部形成残余内应力，使金属处于不稳定状态，具有自发恢复到原来稳定状态的趋势。在常温下，原子的活动能力比较弱，这种恢复过程很难进行，如果对冷塑性变形后的金属进行加热，由于原子的活动能力加强，就会发生一系列的组织与性能的变化，随加热温度的升高，这种变化过程可分为回复、再结晶、晶粒长大三个阶段的变化，如图3-10所示。

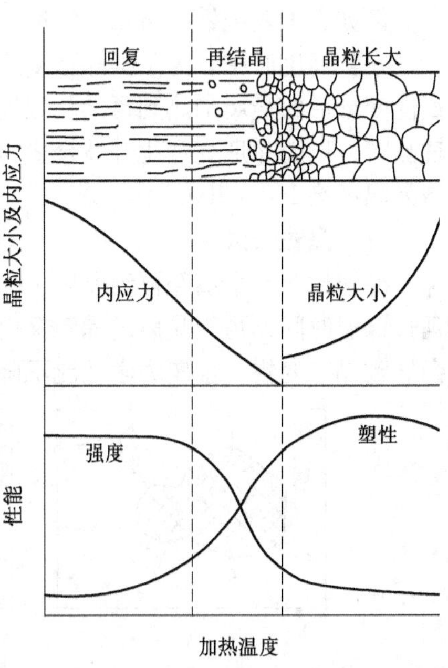

图3-10　加热温度对冷塑性变形金属组织和性能的影响

一、回复

当加热温度较低时，原子有一定的活动能力，进行较短距离的移动，这样使金属内部晶体缺陷数量减少，晶格畸变程度降低，从而使残余应力有所降低，这个阶段称为回复。但由于此时原子活动能力不很强，形变强化所造成的纤维组织和力学性能均无明显变化。

在工业生产中，常常利用回复现象对冷塑性变形金属进行低温回火，以保证冷塑性变形后高强度的同时，使金属的塑性提高。例如，冷拉钢丝卷制成弹簧后，进行一次250～300℃的低温退火，冷拉青铜丝弹簧需进行280℃的低温退火。目的是消除冷塑性变形时产生的残余内应力。

二、再结晶

随着加热温度的升高，原子的活动能力增强，变形金属中的纤维状晶粒通过形核及晶核长大而形成等轴晶粒，这一阶段称为再结晶。

再结晶过程首先在金属中晶粒变形最严重的区域形成新晶粒的晶核，然后晶核吞并旧晶粒而长大，直到旧晶粒完全转化为新的等轴晶粒，再结晶过程结束。

再结晶前后的晶格类型完全相同。再结晶后晶粒内部晶格畸变消失，位错密度下降，使变形金属的组织与性能基本上恢复到了变形前的状态，金属的强度、硬度下降，塑性则显著提高，冷变形强化现象完全消失，如图3-10所示。

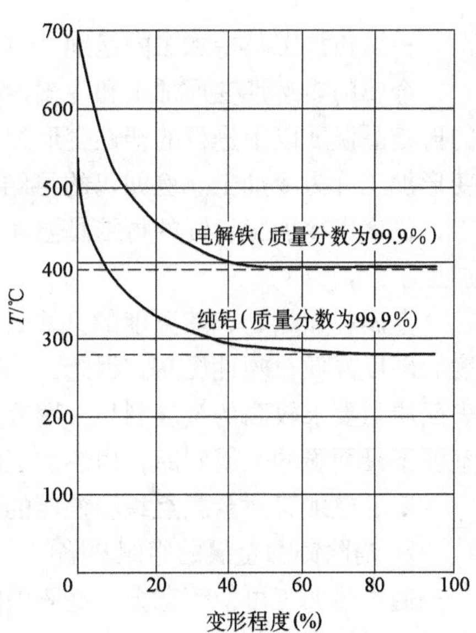

图3-11　金属再结晶开始温度与预先变形程度的关系

金属再结晶过程是在一定的温度范围内进行的。能进行再结晶的最低温度称为再结晶温度，用符号$T_{再}$表示。实践证明，再结晶温度与金属塑性变形程度有关。金属的变形程度越大，再结晶温度越低，如图

3-11所示。纯金属的再结晶温度与其熔点之间可按下式进行计算

$$T_{再} \approx 0.4T_{熔}$$

式中　$T_{再}$——金属的再结晶温度（K）；

$T_{熔}$——金属的熔点（K）。

例如，工业纯铁的再结晶温度 $T_{再}$ 为723K，即约450℃。

在实际生产中，为了消除形变强化，必须对冷塑性变形的金属进行中间退火处理。将冷塑性变形后的金属加热到再结晶温度以上，保持适当时间，使变形晶粒重新结晶为均匀的等轴晶粒，以消除形变强化和残余应力的退火方法称为再结晶退火，通常再结晶退火温度比再结晶温度高100～200℃。

三、晶粒长大

冷塑性变形金属经再结晶后，一般都得到细小而均匀的等轴晶粒。如果温度继续升高或延长保温时间，再结晶后的晶粒又以相互吞并的方式逐渐长大，如图3-12所示。晶粒长大，会导致晶粒变粗，金属力学性能下降，应加以避免。

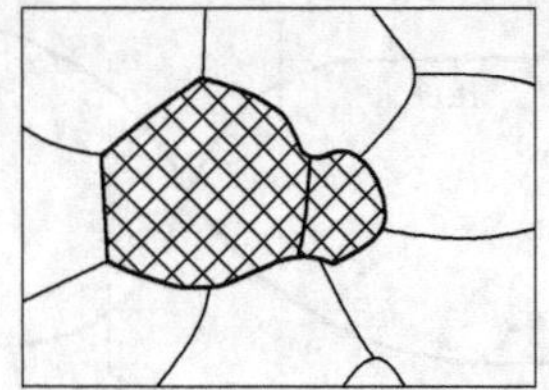
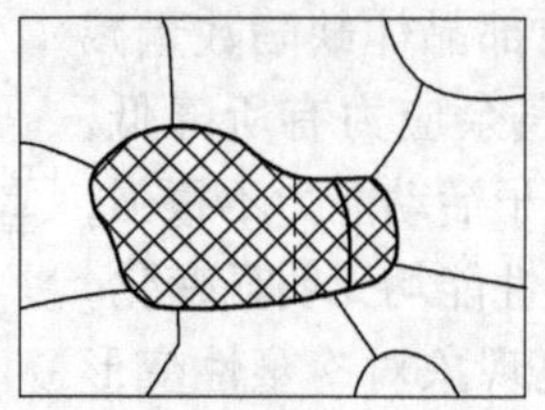
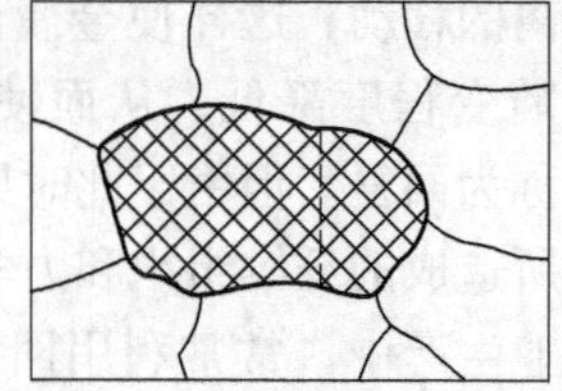

图3-12　晶粒长大示意图

第四节　金属的热塑性变形

一、热加工与冷加工的区别

金属的热塑性变形加工和冷塑性变形加工是以金属的再结晶温度来划分的。凡是在金属的再结晶温度以上进行的塑性变形加工称为热加工，而在金属的再结晶温度以下进行的塑性变形加工称为冷加工。例如钨的再结晶温度为1200℃，故钨在1000℃时进行的塑性变形加工，仍属于冷加工；锡的再结晶温度为－7℃，在室温下对锡进行的塑性变形加工已属于热加工了。

金属在加热时，随温度的升高，原子间结合力减小，形变强化被随时消除，金属的强度、硬度降低，塑性提高。因此，一般情况下，截面尺寸较小、材料塑性较好、加工精度和表面质量要求较高的金属制品，用冷加工方法获得；而截面尺寸较大、变形量较大、材料在室温下硬而脆的金属制品，用热加工的方法获得。

二、热加工对金属组织和性能的影响

1. 消除铸态金属的组织缺陷

通过热加工可使铸态金属毛坯中的气孔和疏松焊合，消除部分偏析，细化晶粒，提高金属的力学性能。

2. 形成纤维组织

在热加工过程中，铸态组织中的夹杂物在高温下具有一定的塑性，它们会沿变形方向伸

长，而形成锻造流线（又称为纤维组织）。纤维组织的存在，使金属材料的力学性能呈明显的方向性，通常，沿纤维方向（纵向），其抗拉强度及韧性高，而抗剪强度较低。垂直于纤维方向（横向），则其有较高的抗剪强度，而抗拉强度较低。表 3-1 为碳的质量分数为 0.45% 的碳钢力学性能与流线方向的关系。

表 3-1　45 钢力学性能与流线方向的关系

	σ_b/MPa	$\sigma_{0.2}$/MPa	δ（%）	ψ（%）	a_K/（J/cm^2）
纵向	715	470	17.5	62.8	62
横向	675	440	10.0	31.0	30

采用正确的热加工工艺，可以得到合理的流线分布，保证金属材料的力学性能。图 3-13 为曲轴流线示意图，从图中可以看出，锻造流线分布合理，所以其力学性能较好。

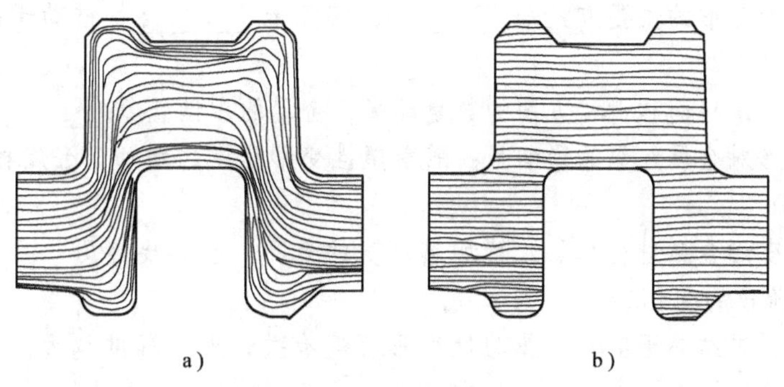

图 3-13　曲轴流线示意图

a）锻造曲轴　b）切削加工曲轴

3. 形成带状组织

如果钢在铸态组织中存在比较严重的偏析，或热加工终锻温度过低，钢内会出现与热变形加工方向大致平行的条带所组成的组织，这种组织称为带状组织。图 3 - 14 为高速钢中带状碳化物组织。带状组织是一种缺陷，它会引起金属力学性能的各向异性。带状组织可以通过热处理加以消除。

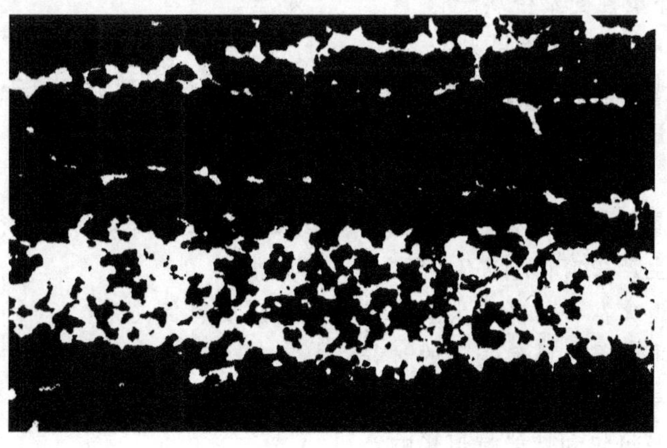

图 3-14　高速钢中带状碳化物组织

本章小结

本章主要介绍了金属塑性变形过程，冷、热加工对金属组织和性能的影响。在学习过程中，应首先理解单晶体的塑性变形方式，在此基础上理解多晶体的塑性变形特点。掌握形变强化的概念并能列举实例说明形变强化在实际生产中的意义。

复习思考题

一、名词解释

1. 滑移 2. 形变强化 3. 回复 4. 再结晶 5. 热加工 6. 冷加工

二、填空题

1. 金属经压力加工后，不仅改变了________，而且改变了__________。

2. 单晶体塑性变形的主要方式是________，实际上________是借助于晶体中________的移动来进行的。

3. 一般来说，滑移面和滑移方向的数量越多，金属的塑性就越________。

4. 冷塑性变形对金属组织的影响是：随着塑性变形程度的增加，金属材料的________、________提高，而________、________下降。

5. 对冷塑性变形金属进行加热，随加热温度的升高，金属要经历________、________和________三个阶段的变化。

6. 实践证明，再结晶温度与金属塑性变形程度有关，变形程度越大，再结晶温度越________。

三、选择题

1. 金属的热塑性变形和冷塑性变形是以________来划分的。

A. 理论结晶温度 B. 实际结晶温度 C. 再结晶温度

2. ________好的金属材料，可用于成形加工。

A. 弹性 B. 塑性 C. 韧性

3. 生产上常利用回复现象对冷塑性变形金属进行________处理；而为了消除形变强化，恢复塑性，必须对冷塑性变形金属进行________处理。

A. 再结晶退火 B. 低温退火

4. 锡的再结晶温度为 -7℃，在室温下对锡进行的塑性变形加工属于________。

A. 冷加工 B. 热加工

四、问答题

1. 在室温下，晶粒的大小对金属的强度、塑性和韧性有何影响？为什么？

2. 形变强化在生产中有何利弊？

3. 何谓再结晶退火？再结晶退火温度与再结晶温度有何关系？

4. 简述回复、再结晶及晶粒长大的过程。

5. 冷拉钢丝卷制弹簧后，应进行什么处理？为什么？

6. 热加工对金属组织和性能有何影响？

第四章 铁碳合金

学习目标 了解合金组织的基本类型，掌握铁碳合金的基本组织及成分、组织与性能之间的关系，熟悉铁碳合金相图在实际生产中的应用。重点是铁碳合金相图的分析，典型铁碳合金结晶过程的理解。铁碳合金的成分、温度与组织的变化规律既是本章难点也是重点。

一般来说，纯金属具有良好的导电性、导热性，较好的塑性，但其强度、硬度较低，且冶炼困难，价格较贵，所以在使用上受到很大限制。为了满足生产上对金属材料多品种、高性能的要求，人们广泛使用合金，合金具有比纯金属更高的力学性能和较好的物理、化学性能，如生产上常使用的合金有钢、铸铁及黄铜等。

第一节 合金的组织

一、合金的基本概念

1. 合金

合金是由两种或两种以上的金属元素与金属元素或与非金属元素组成的，具有金属特性的物质。例如碳钢及铸铁是由铁和碳组成的合金；黄铜是由铜和锌组成的合金；硬铝是由铝、铜和镁组成的合金。

2. 组元

组元是组成合金最基本的、独立的物质。组元可以是纯元素，也可以是稳定的化合物。例如铜和锌两种金属元素组成黄铜；Fe_3C（化合物）是组成铁碳合金的一个组元。根据组元数目多少，合金可分为二元合金、三元合金和多元合金。

组元之间可以按不同比例配制一系列成分不同的合金，这一系列合金称为一个合金系。

3. 相

合金中成分、结构和性能相同的组成部分称为相。相与相之间有明显的界面。由一个相组成的合金称为单相合金，如工业纯铁由铁素体单相组成；由两个或两个以上相组成的合金称为多相合金，如中碳钢是由铁素体和渗碳体两相组成的。

合金的性能与组成合金的各个相的数量、形态、大小和分布情况有关。

二、合金的组织

根据组成合金中各组元之间的结合方式不同，合金的组织分为固溶体、金属化合物和机械混合物三类。

1. 固溶体

(1) 固溶体的概念 合金在固态下，一种组元的晶格中溶解了另一种原子而形成均匀的固相称为固溶体。

固溶体中的组元也有溶剂和溶质之分，在固溶体中晶格保持不变的组元称为溶剂，被溶剂溶解的组元称为溶质。固溶体的晶格与溶剂组元的晶格相同。

（2）固溶体的类型　根据溶质在溶剂晶格中占据的位置不同，固溶体分为间隙固溶体和置换固溶体。

① 间隙固溶体：溶质原子处于溶剂晶格间隙中而形成的固溶体称为间隙固溶体。如图4-1a所示为间隙固溶体结构示意图。

由于溶剂的晶格间隙空间尺寸有限，故形成间隙固溶体的溶质原子通常是一些原子半径小于1Ù（1Ù = 10^{-10}m）的非金属元素，如碳、氮、硼等非金属元素溶入铁中形成间隙固溶体。间隙固溶体是有限固溶体，其溶解度与温度、溶质与溶剂原子半径差值和溶剂晶格类型有关。

② 置换固溶体：溶质原子置换溶剂原子而占据了溶剂晶格结点位置，这样形成的固溶体称为置换固溶体。如图4-1b所示为置换固溶体结构示意图。

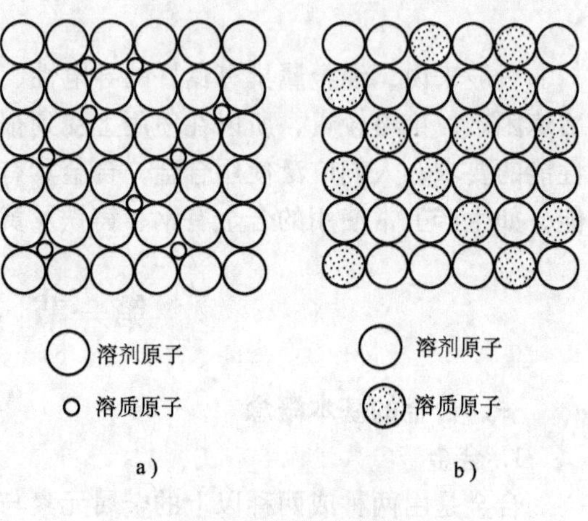

图4-1　固溶体的类型
a）间隙固溶体　b）置换固溶体

在置换固溶体中，溶解度主要取决于溶质与溶剂的原子半径、在化学周期表中位置及晶格类型等。一般来说，溶质和溶剂的晶格类型一致、原子半径差值小、在周期表中位置靠近，溶解度较大，往往可以以任意比例相互溶解，则形成无限固溶体。反之，形成有限固溶体。有限固溶体的溶解度与温度有关。一般情况温度越高，溶解度越大。

（3）固溶体的性能特点　如图4-2所示，在固溶体中由于溶入溶质原子形成固溶体，使溶剂的晶格发生畸变，导致金属的塑性变形抗力增加。则这种通过溶入溶质原子形成固溶体，使金属的强度、硬度提高的现象称为固溶强化。固溶强化是强化金属材料的重要手段之一。

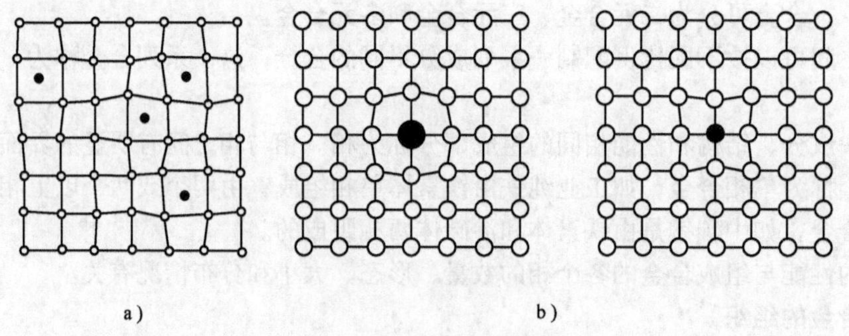

图4-2　固溶体晶格畸变示意图
a）间隙固溶体　b）置换固溶体

2. 金属化合物

（1）金属化合物的概念　合金中组元之间相互作用而形成的一种具有金属特性的相，称为金属化合物，一般可用化学式表示，如铁碳合金中的Fe_3C（渗碳体）。金属化合物具有复杂的晶格结构。

（2）金属化合物的性能特点　金属化合物熔点高、硬度高、脆性大。当合金中存在均匀细小的金属化合物时，通常可以提高合金的强度、硬度和耐磨性，但会使塑性、韧性下降。金属化合物是许多合金的重要组成相。

3. 机械混合物

由两相或多相固溶体或固溶体与金属化合物组成的组织，称为机械混合物。在机械混合物中，各组成相仍保持各自的晶格结构和性能，而机械混合物的性能与组成相的性能以及各相的数量、大小和分布情况有关。在使用的合金材料中，大多数组织都是机械混合物。

第二节　二元合金相图

合金的组织比纯金属复杂。不同合金系中的合金，在固态时的显微组织是不同的，而在同一合金系中，由于成分及所处的温度不同，其固态时的显微组织也不同。因此，为了掌握合金的成分、温度、组织和性能之间的关系，必须了解合金的结晶过程及各组织的形成和变化规律。合金相图就是研究这一问题的一种工具。

合金相图表示在平衡（极缓慢冷却或加热条件）状态下，合金的组织与成分、温度之间关系的图形。它是研究和选用合金的重要工具，对金属的加工及热处理具有指导意义。

一、二元合金相图的建立

如图4-3所示为Pb-Sb二元合金相图建立过程示意图。在图4-3（6）中，纵坐标表示温度，横坐标表示合金成分。横坐标从左到右表示合金成分的变化，即锑（Sb）的质量分数由0增大到100%，而铅（Pb）的质量分数由100%减小到0，所以横坐标上的任意一点都代表一定成分的Pb-Sb二元合金。

二元合金相图是通过实验的方法建立的，通常采用热分析法。Pb-Sb二元合金相图建立的步骤如下：

1. 配制若干组不同成分的Pb-Sb合金，见表4-1。

表4-1　Pb-Sb合金的成分和临界点

合金序号	化学成分（%）		临界点/℃	
	w_{Pb}	w_{Sb}	开始结晶温度	结晶终了温度
1	100	0	327	327
2	95	5	300	252
3	89	11	252	252
4	50	50	460	252
5	0	100	631	631

2. 分别用热分析法绘出Pb-Sb合金的冷却曲线，如图4-3（1～5）所示。
3. 找出各冷却曲线上的临界点（指金属发生结构改变的温度）。
4. 将各合金的临界点分别标注在成分-温度坐标图中。
5. 连接具有相同含义的临界点，这样就得到了如图4-3（6）所示的Pb-Sb二元合金相图。

二、Pb-Sb二元合金相图的分析

如图4-4所示为Pb-Sb二元合金相图。

1. 点的含义

表4-2为Pb-Sb二元合金相图中的特性点。

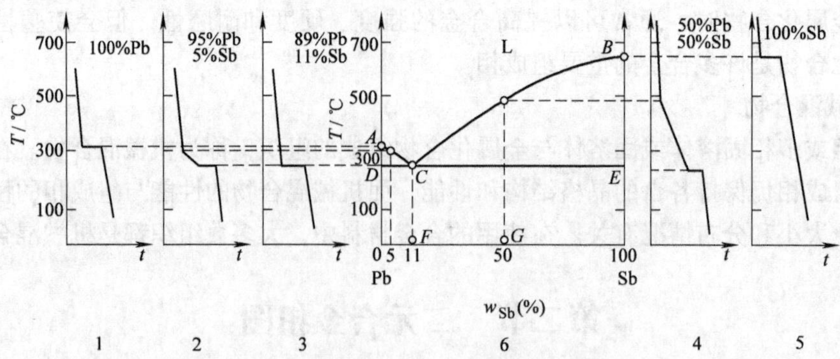

图 4-3　Pb-Sb 二元合金相图的绘制

表 4-2　Pb-Sb 二元合金相图中的特性点

特性点	化学成分 w_{Sb}（%）	温度/℃	含　义
A	0	327	铅的熔点
B	100	631	锑的熔点
C	11	252	共晶点 $Lc \xrightarrow{252℃} (Pb+Sb)$

共晶转变是指一定成分的液态合金，在某一温度下，同时结晶出两种固相而形成机械混合物的转变称为共晶转变。其转变表达式见表 4-2。

2. 线的含义

如图 4-4 所示，*ACB* 线为 Pb-Sb 合金从液态开始结晶温度的连线，称为液相线，在此线以上的合金全部为液相。*DCE* 线是液态合金结晶终了温度的连线，称为固相线，在此线以下的合金全部为固相。由液相线和固相线将相图划分为液相区、液固共存区和固相区三个区域。

3. 典型 Pb-Sb 二元合金的结晶过程分析

（1）共晶合金　图 4-4 中合金Ⅰ，*C* 点成分（$w_{Sb}=11\%$）的合金称为共晶合金。在 *C* 点以上，合金处于液态，当缓慢冷却到 *C* 点时，开始发生共晶转变，在恒温下从液体中同时结晶出 Pb 和 Sb 两个固相的机械混合物（即共晶体）。继续冷却，共晶体不再发生转变。

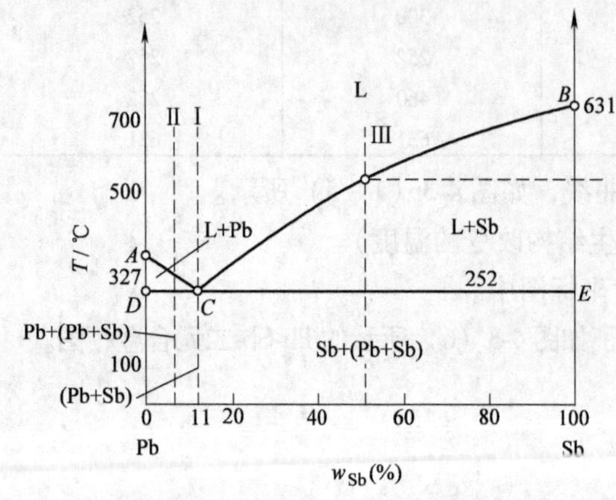

图 4-4　Pb-Sb 二元合金相图

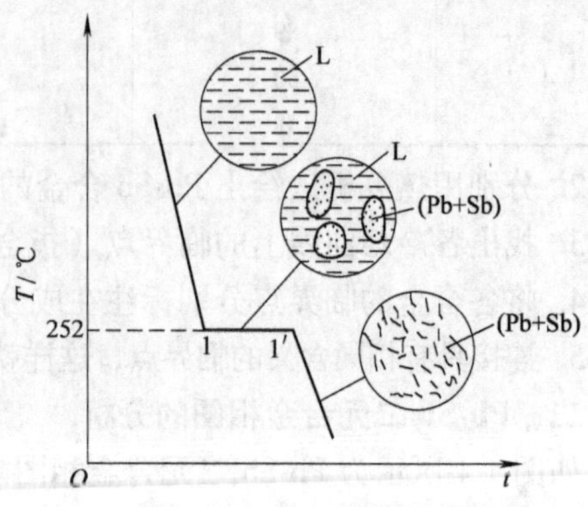

图 4-5　共晶合金结晶过程

这一成分的合金成为共晶合金。其共晶转变过程如图 4-5 所示。

(2) 亚共晶合金与过共晶合金　凡是成分在 C 点以左（$w_{Sb}<11\%$）的合金称为亚共晶合金，如图 4-4 所示的合金Ⅱ；成分在 C 点以右（$w_{Sb}>11\%$）的合金称为过共晶合金，如图 4-4 所示的合金Ⅲ。

亚共晶合金与过共晶合金的结晶过程所不同的是：从液相线到固相线之间，亚共晶合金要先结晶出 Pb 晶体，而过共晶合金要先结晶出 Sb 晶体。因而它们的室温组织分别是 Pb +（Pb + Sb）和 Sb +（Pb + Sb）。合金Ⅱ、Ⅲ的组织转变过程如图 4-6 和图 4-7 所示。

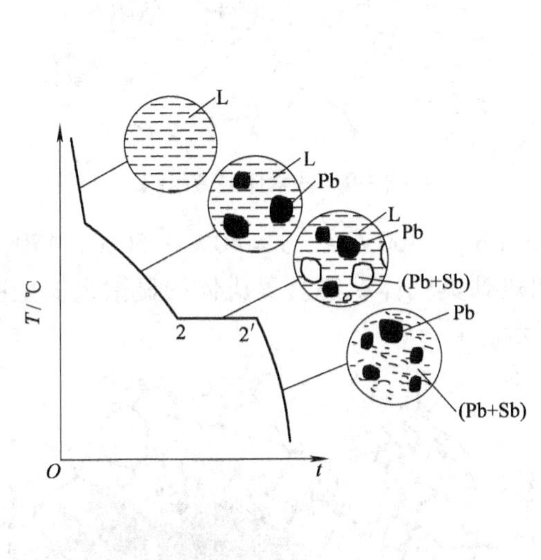

图 4-6　亚共晶合金结晶过程

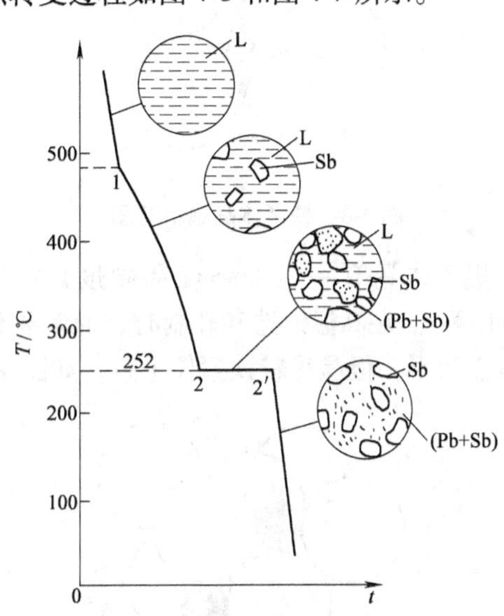

图 4-7　过共晶合金结晶过程

第三节　铁碳合金相图

钢铁材料是现代工业上应用最广泛的合金，它们均是以铁元素和碳元素两种组元组成的，故称为铁碳合金。由于钢铁材料的成分不同，其组织和性能不同，所以了解铁碳合金的组织，掌握铁碳合金的成分、温度、组织和性能之间的变化规律，对于选用和制订钢铁材料的加工工艺有着十分重要的意义。

一、铁碳合金的组织

1. 铁素体

碳溶于 α-Fe 中形成的间隙固溶体称为铁素体，用符号 F 表示，其晶胞如图 4-8 所示。由于 α-Fe 的晶格间隙较小，所以碳在 α-Fe 中的溶解度很小。在 727℃时，其最大溶解度为 $w_C=0.0218\%$，而随着温度降低，其溶碳量逐渐减少，到室温溶碳量近于零。因此，铁素体的性能与纯铁相近，即具有良好的塑性和韧性（$\delta=30\%\sim50\%$，$a_K=160\sim200\text{J/cm}^2$），而强度、硬度较低（$\sigma_b=180\sim280\text{MPa}$，50 ~ 80HBW）。铁素体的显微组织呈明亮的多边形，如图 4-9 所示。

2. 奥氏体

碳溶于 γ-Fe 中形成的间隙固溶体，称为奥氏体，用符号 A 表示，其晶胞如图 4-10 所示。由于 γ-Fe 是面心立方晶格，其晶格的间隙较大，故奥氏体的溶碳能力较强。在 1148℃时溶碳的质量分数 w_C = 2.11%，随温度降低，溶碳量减少，在 727℃时溶碳的质量分数 w_C = 0.77%。

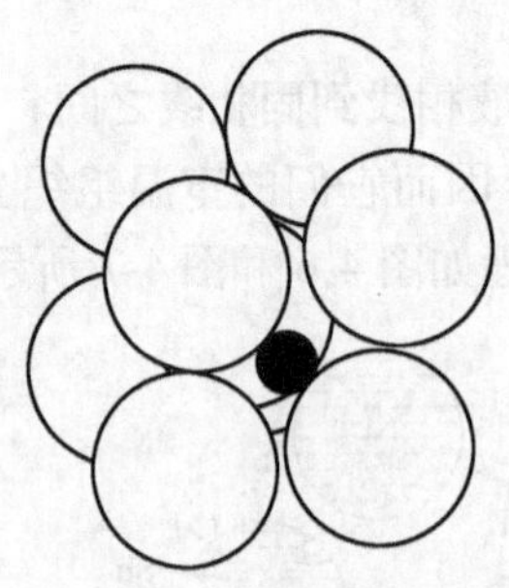

图 4-8　铁素体晶胞示意图

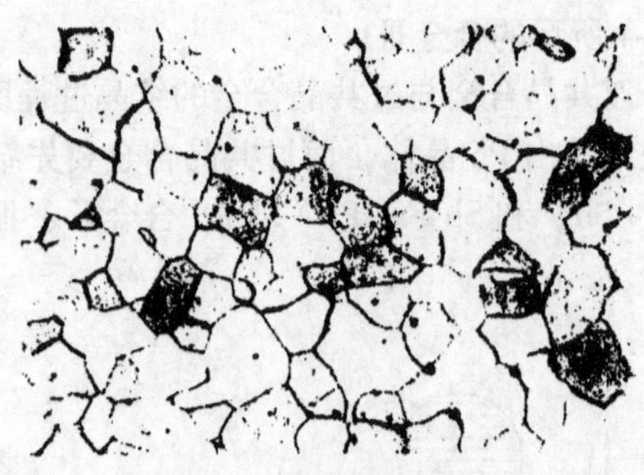

图 4-9　铁素体显微组织

奥氏体具有一定的强度和硬度，塑性较好（σ_b = 400MPa，δ = 40% ~ 50%，170 ~ 220HBW）。在高温锻造和轧制时，通常要将钢加热到奥氏体状态。奥氏体的显微组织呈明亮的多边形，但晶界较铁素体平直，如图 4-11 所示。

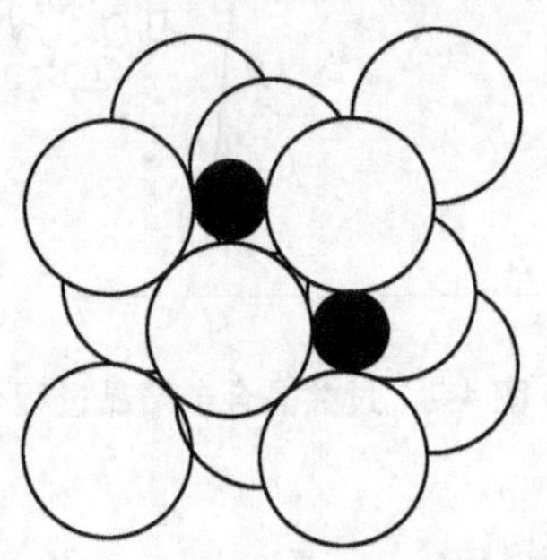

图 4-10　奥氏体晶胞示意图

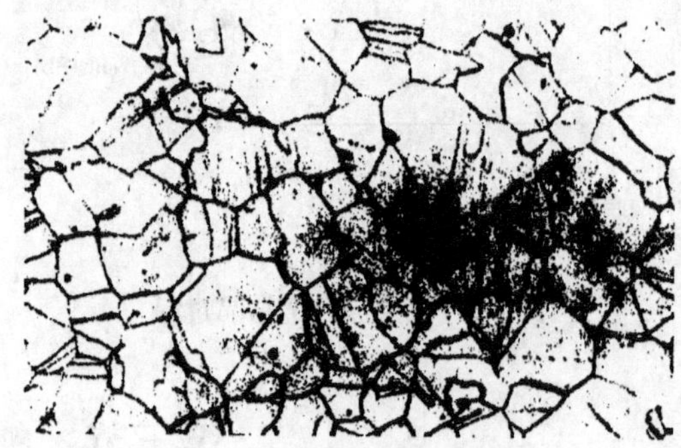

图 4-11　奥氏体显微组织

3. 渗碳体

渗碳体是碳的质量分数为 6.69% 的铁与碳的金属化合物，可用化学式 Fe_3C 表示，渗碳体具有复杂的晶格结构，如图 4-12 所示。

渗碳体的性能特点是熔点高（1227℃）、硬度高（800HBW）、塑性很差（$\delta \approx 0$）、脆性大，是一个硬而脆的相。渗碳体的形态有片状、网状、粒状、板条状等。渗碳体的数量、大小及分布情况对铁碳合金的性能有很大影响。

4. 珠光体

珠光体是铁素体和渗碳体组成的机械混合物，用符号 P 表示，其碳的质量分数为 0.77%。其显微组织是由铁素体和渗碳体片层交替排列组成，如图 4-13 所示。

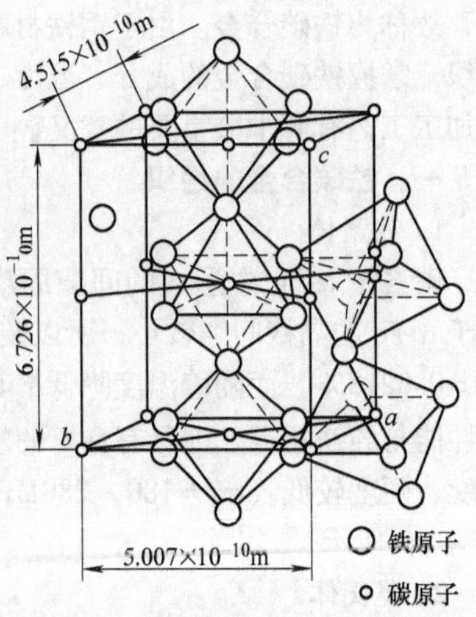

图 4-12　渗碳体的晶体结构示意图

a）　　　　　　　　　　　　　　b）

图 4-13　珠光体的显微组织

a）光学显微镜观察组织　b）电子显微镜观察组织

珠光体的力学性能介于铁素体和渗碳体之间，即强度较高，硬度适中，具有一定的塑性（σ_b = 800MPa，180HBW，δ = 20% ~ 35%），是一种综合力学性能较好的组织。

5. 莱氏体

莱氏体分为高温莱氏体和低温莱氏体两类。其碳的质量分数为 4.3%。高温莱氏体存在于 1148 ~ 727℃之间，由奥氏体和渗碳体组成的机械混合物，用符号 Ld 表示；低温莱氏体存在于 727℃以下，由铁素体和渗碳体组成的机械混合物，用符号 L′d 表示。

莱氏体的力学性能与渗碳体相近，硬度高（>700HBW），塑性极差，脆性很大。莱氏体的显微组织可以看成是在渗碳体的基体上分布着颗粒状的奥氏体（或珠光体）。

以上五种组织中，铁素体、奥氏体、渗碳体都是单相组织称为铁碳合金的基本相，而珠光体、莱氏体是由基本相组成的多相组织。

二、铁碳合金相图

铁碳合金相图是表示在极其缓慢的冷却（或加热）条件下，不同成分铁碳合金的组织状态随温度变化的图形。实践表明，碳的质量分数超过 5% 的铁碳合金没有实用价值，所以

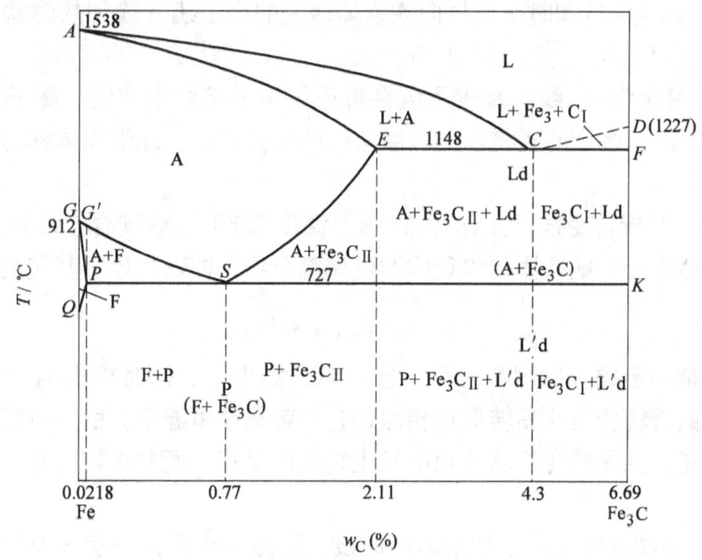

图 4-14　简化后的 $Fe\text{-}Fe_3C$ 相图

我们仅研究 $w_C \leqslant 6.69\%$ 这部分合金，即研究 $Fe\text{-}Fe_3C$ 相图。简化后的 $Fe\text{-}Fe_3C$ 相图如图 4-14 所示。图中纵坐标为温度，横坐标为碳的质量分数。

1. $Fe\text{-}Fe_3C$ 相图中的特性点

$Fe\text{-}Fe_3C$ 相图中的各特性点的温度、碳的质量分数及其含义见表 4-3。

表 4-3 $Fe\text{-}Fe_3C$ 相图中的特性点

特性点	温度/℃	w_C（%）	特性点含义
A	1538	0	纯铁的熔点
C	1148	4.3	共晶点
D	1227	6.69	渗碳体的熔点
E	1148	2.11	碳在奥氏体中的最大溶解度
F	1148	6.69	共晶渗碳体的成分
G	912	0	纯铁的同素异构转变点
S	727	0.77	共析点
P	727	0.0218	碳在铁素体中的最大溶解度

2. $Fe\text{-}Fe_3C$ 相图中的特性线

（1）ACD 线　液相线，此线以上铁碳合金处于液体状态（L）。$w_C < 4.3\%$ 的液态合金冷却到 AC 线时开始结晶出奥氏体；而 $w_C > 4.3\%$ 的液态合金冷却到 CD 线时开始结晶出渗碳体，此渗碳体称为一次渗碳体，用符号 FeC_{I} 表示 。

（2）ECF 线　共晶转变线，温度 1148℃，液态合金冷却到此线时，开始发生共晶转变，形成奥氏体和渗碳体的机械混合物，即高温莱氏体，其转变表达式为

$$L_{4.3} \xrightleftharpoons{1148℃} A_{2.11} + Fe_3C$$

（4）GS 线　又称 A_3 线，此线表示冷却时奥氏体向铁素体转变的开始线（或加热时铁素体向奥氏体转变的终了线）。

（5）GP 线　此线为冷却时奥氏体向铁素体转变的终了线（或加热时铁素体向奥氏体转变的开始线）。

（6）ES 线　又称为 A_{cm} 线，是表示碳在奥氏体中的溶解度曲线。随温度的降低，奥氏体中的溶碳能力下降，多余的碳将以网状渗碳体的形式析出，此渗碳体称为二次渗碳体，用符号 Fe_3C_{II} 表示。

（7）PSK 线　共析转变线，又称为 A_1 线，温度 727℃。铁碳合金冷却到此线将发生共析转变，从奥氏体中析出铁素体和渗碳体的机械混合物，即珠光体。其转变表达式为

$$A_{0.77} \xrightleftharpoons{727℃} F_{0.0218} + Fe_3C$$

共析转变是指一定成分的固相合金，在一定的温度下，同时析出两个不同新固相的转变。应当指出，共析转变与共晶转变很相似，它们都是在恒温下，由一相转变为两相机械混合物，所不同的是，共晶转变是从液相中发生转变的过程，而共析转变是从固相中发生转变的过程。

（8）PQ 线　是碳在铁素体中的溶解度曲线。随温度降低，铁素体中溶碳能力下降，多余的碳将以渗碳体的形式析出，此渗碳体称为三次渗碳体，用符号 Fe_3C_{III} 表示。其数量很

少，在钢中影响不大，可忽略。

$Fe\text{-}Fe_3C$ 相图中特性线的含义归纳于表 4-4。

表 4-4　$Fe\text{-}Fe_3C$ 相图中特性线

特性线	特性线的含义
ACD	液相线
AECF	固相线
GS	冷却时奥氏体向铁素体转变的开始线，常称为 A_3 线
ES	碳在奥氏体中的溶解度线，常称为 A_{cm} 线
ECF	共晶线
PSK	共析线，常用 A_1 线
GP	奥氏体向铁素体转变的终了线
PQ	碳在铁素体中的溶解度线

3. $Fe\text{-}Fe_3C$ 相图中各区域组织

表 4-5 列出 $Fe\text{-}Fe_3C$ 相图中各区域组织

表 4-5　$Fe\text{-}Fe_3C$ 相图中各区域组织

范围	组织	相区	范围	组织	相区
ACD 线以上	L	单相区	GSPG	A + F	两相区
AESGA	A	单相区	ESKF	$A+Fe_3C$	两相区
AECA	L + A	两相区	PSK 以下	$F+Fe_3C$	两相区
DFCD	$L+Fe_3C_{\text{I}}$	两相区	—	—	—

4. 铁碳合金的分类

在 $Fe\text{-}Fe_3C$ 相图中，按碳的质量分数和室温平衡组织的不同，铁碳合金可分为工业纯铁、钢和白口铸铁三类，见表 4-6。

表 4-6　铁碳合金的分类

合金类别	工业纯铁	钢			白口铸铁		
		亚共析钢	共析钢	过共析钢	亚共晶白口铸铁	共晶白口铸铁	过共晶白口铸铁
碳的质量分数（%）	≤0.0218	0.0218~0.77	0.77	0.77~2.11	2.11~4.3	4.3	4.3~6.69
室温组织	F	F + P	P	$P+Fe_3C_{\text{II}}$	$P+Fe_3C_{\text{II}}+L'd$	L′d	$L'd+Fe_3C_{\text{I}}$

三、典型铁碳合金的结晶过程

1. 共析钢（$w_C=0.77\%$）

如图 4-15 所示，液态合金，冷却到 1 点（液相线），结晶出奥氏体 A，再继续冷却到 2 点（固相线），结晶终了，全部转变为奥氏体，在 2~3 点之间为奥氏体区，当继续冷去到 3 点（727℃），发生共析转变，形成机械混合物珠光体 P。温度继续下降，组织不发生转变，共析钢的室温组织为珠光体。

2. 亚共析钢（$w_C<0.77\%$）

如图 4-16 所示，液态合金，冷却从 1 点到 3 点其转变过程同共析钢，当冷却到 3 点温度时，奥氏体开始向铁素体转变，3 点~4 点之间为奥氏体和铁素体共存区域，再继续冷却到 4 点，发生共析转变，剩余奥氏体转变为珠光体。亚共析钢的室温组织为铁素体和珠光体的机械混合物。

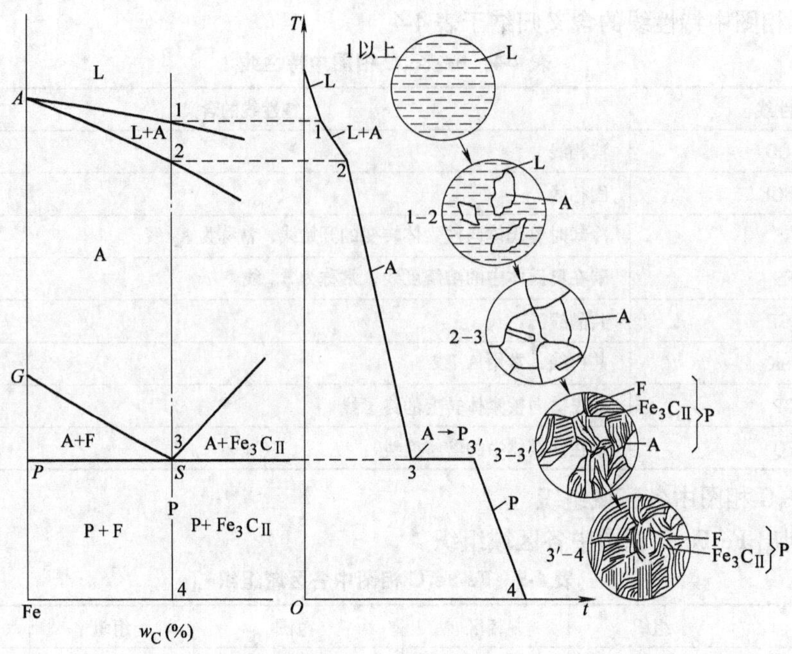

图 4-15　共析钢结晶过程示意图

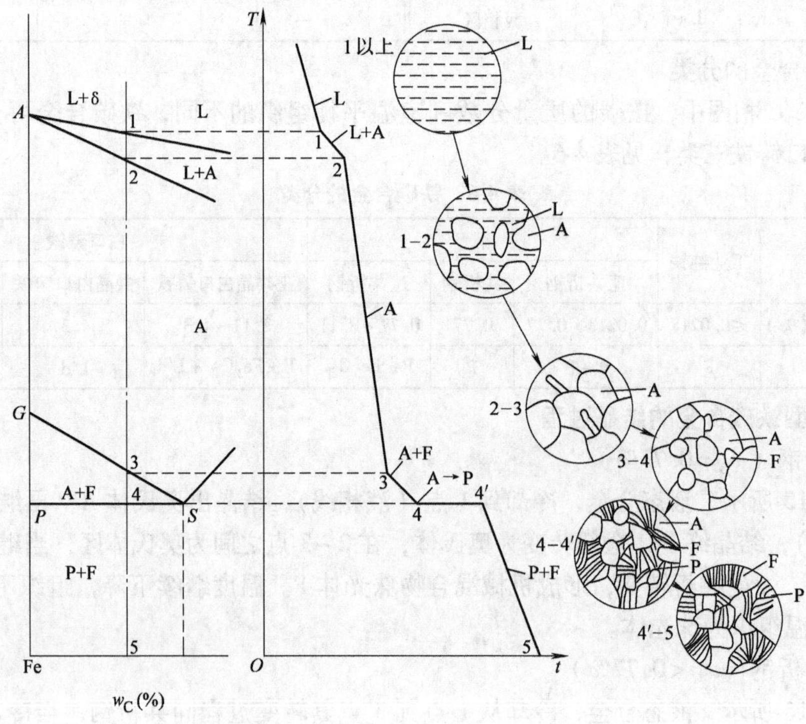

图 4-16　亚共析钢结晶过程示意图

碳的质量分数不同，珠光体和铁素体的相对量不同。碳的质量分数越大，钢中珠光体数量就越多。

3. 过共析钢($w_C > 0.77\%$)

如图 4-17 所示，液态合金，冷却从 1 点到 3 点之间的转变同共析钢，当冷却到 3 点时开始从奥氏体中析出网状二次渗碳体，3 点 ~4 点之间为奥氏体和网状二次渗碳体的机械混合物，再继续冷却到 4 点温度（727℃）发生共析转变，剩余奥氏体转变为珠光体。过共析钢的室温组织为珠光体和二次渗碳体的机械混合物。

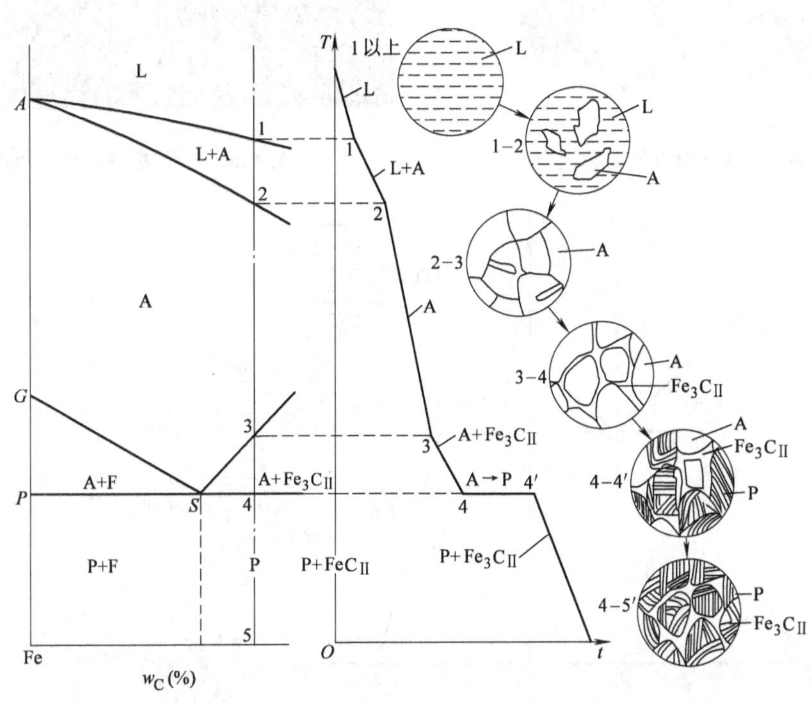

图 4-17　过共析钢结晶过程示意图

碳的质量分数不同，二次渗碳体数量不同。钢中碳的质量分数越大，二次渗碳体数量就越多。

共析钢的显微组织如图 4-18 所示，其特征是铁素体和渗碳体片层相间交替排列的。亚共析钢的显微组织如图 4-19 所示，其特征是铁素体和珠光体晶粒均匀分布。过共析钢的显微组织如图 4-20 所示，其特征是网状二次渗碳体分布在珠光体基体上。

4. 共晶白口铸铁($w_C = 4.3\%$)

如图 4-21 所示，液态合金，冷却到 1 点（1148℃）发生共晶转变，形成高温莱氏体，再继续冷却到 2 点（727℃）发生共析转变，形成低温莱氏体。

图 4-18　共析钢的显微组织图

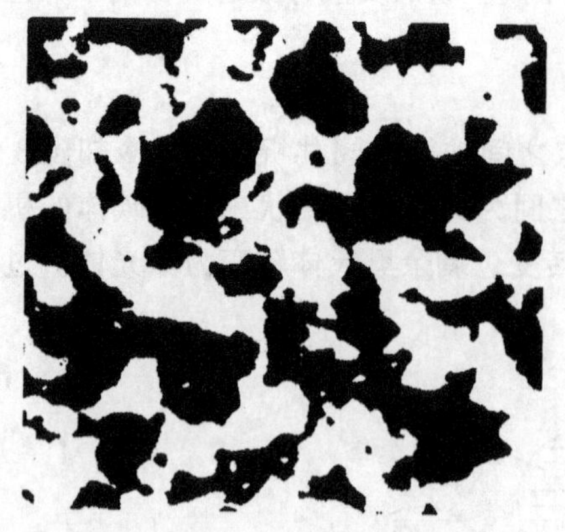

图 4-19　亚共析钢的显微组织

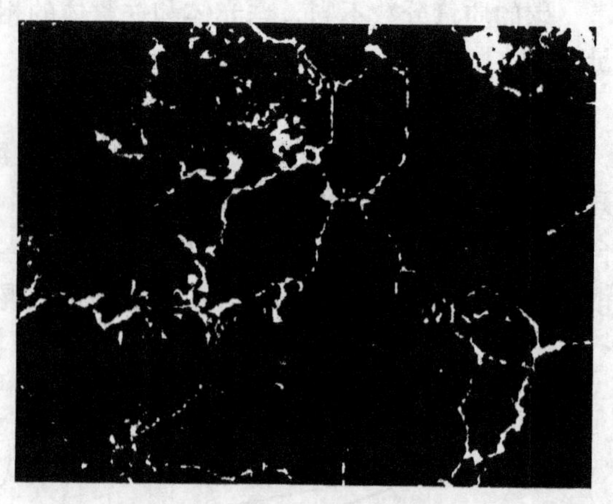

图 4-20　过共析钢的显微组织

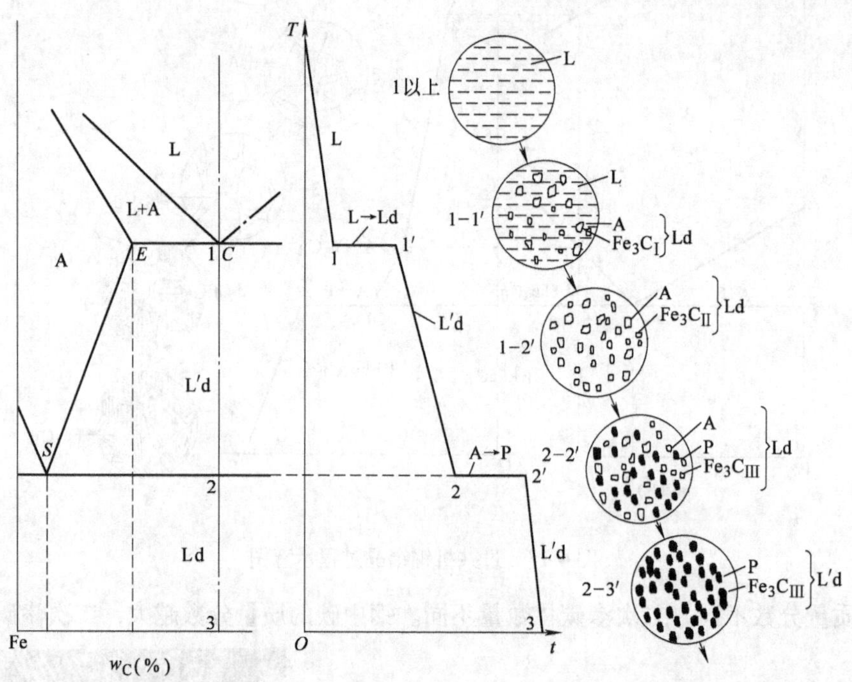

图 4-21　共晶白口铸铁结晶过程示意图

5. 亚共晶白口铸铁(w_C <4.3%)

如图 4-22 所示液态合金冷却到 1 点，首先结晶出奥氏体，继续冷却到 2 点，发生共晶转变，剩余奥氏体转变为高温莱氏体，温度继续下降，奥氏体中析出网状二次渗碳体，2 点~3 点之间组织是奥氏体、二次渗碳体和高温莱氏体的机械混合物。再冷却到 3 点（727℃）发生共析转变，高温莱氏体转变为低温莱氏体，则 3 点以下直到室温，其组织为珠光体、二次渗碳体和低温莱氏体的机械混合物。

6. 过共晶白口铸铁(w_C >4.3%)

如图 4-23 所示，液态合金冷却到 1 点开始结晶出一次渗碳体（Fe_3C_I），继续冷却到 2

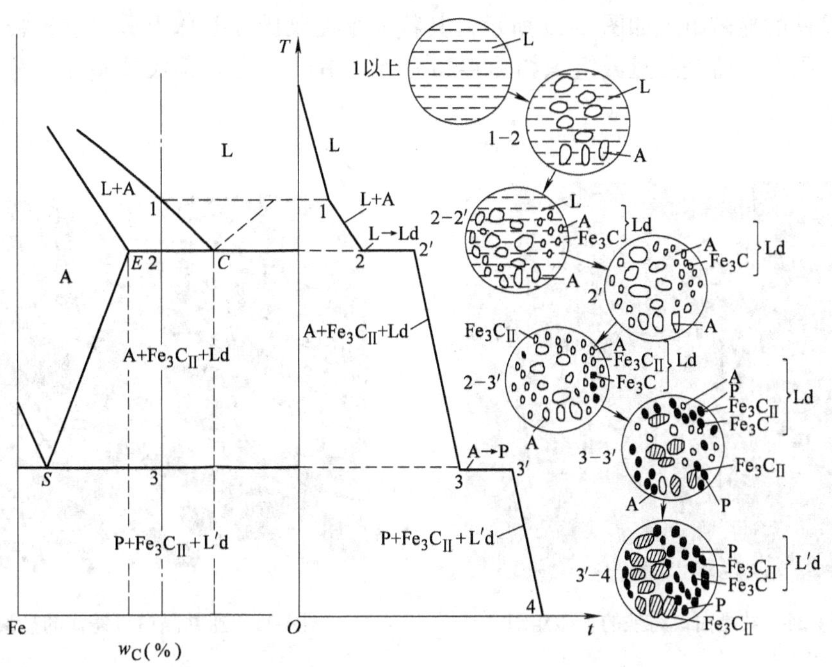

图 4-22　亚共晶白口铸铁结晶过程示意图

点（1148℃）发生共晶转变，2 点～3 点之间的组织为一次渗碳体和高温莱氏体，再继续冷却到 3 点发生共析转变，则 3 点以下至室温组织为一次渗碳体和低温莱氏体的机械混合物。

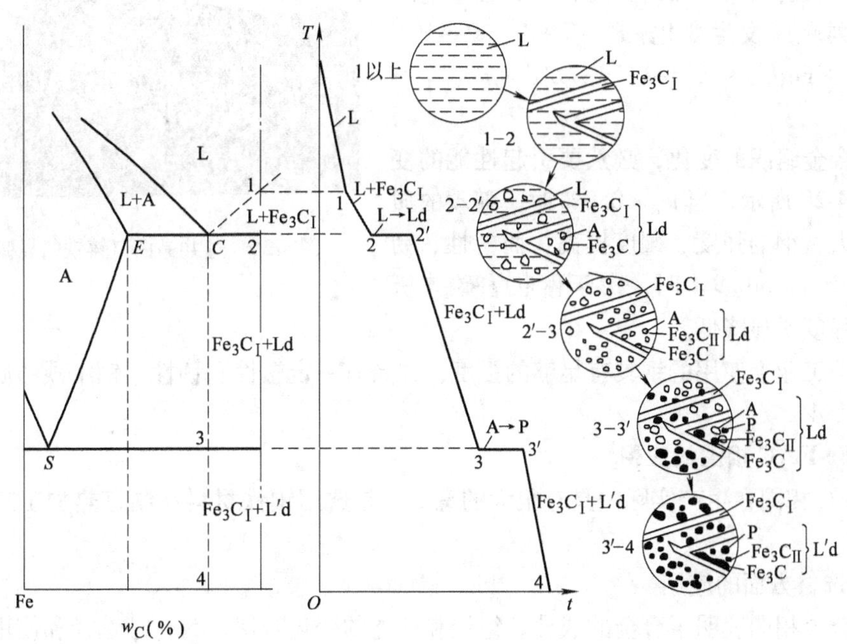

图 4-23　过共晶白口铸铁结晶过程示意图

共晶白口铸铁的显微组织如图 4-24 所示，其特征是在渗碳体上分布颗粒状珠光体。亚共晶白口铸铁的显微组织如图 4-25 所示，其特征是在莱氏体基体上分布着树枝状或块状珠光体。过共晶白口铸铁的显微组织如图 4-26 所示，其特征是在莱氏体基体上分布着板条状的一次渗碳体。

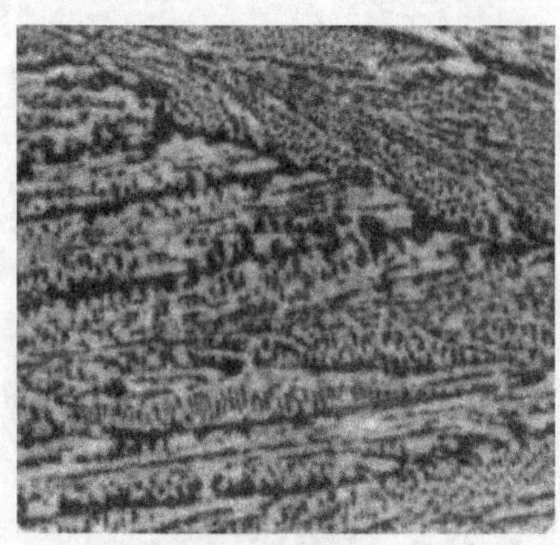

图 4-24　共晶白口铸铁的显微组织

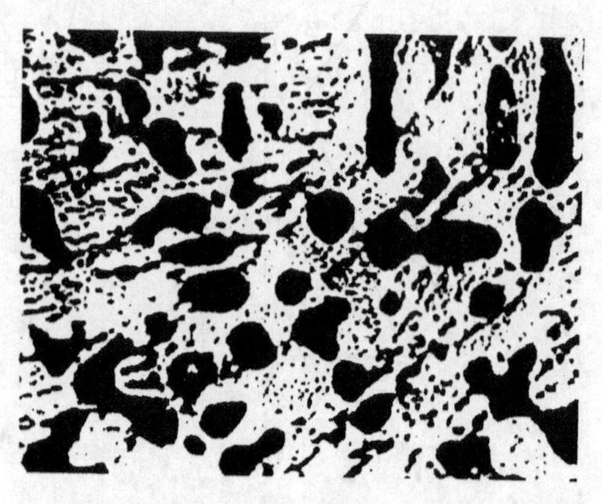

图 4-25　亚共晶白口铸铁的显微组织

四、铁碳合金的成分、组织及性能的关系

如图 4-27 所示，铁碳合金的室温组织都是由铁素体和渗碳体两相组成的。随着碳的质量分数增大，铁素体数量逐渐减少，而渗碳体数量逐渐增多。随碳的质量分数的变化，铁碳合金的组织将按下列顺序发生变化：$F \to F + P \to P \to P + Fe_3C_{II} \to P + Fe_3C_{II} + L'd \to L'd \to L'd + Fe_3C_{I} \to Fe_3C$。

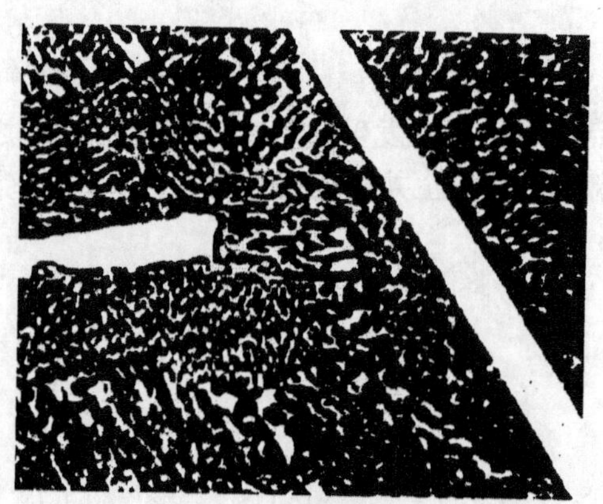

图 4-26　过共晶白口铸铁的显微组织

铁碳合金组织的变化，必然要引起性能的变化。如图 4-28 所示，当 $w_C < 0.9\%$ 时，随碳的质量分数增大，钢的强度、硬度提高，而塑性、韧性降低。当 $w_C > 0.9\%$ 时，由于网状渗碳体析出，而使强度明显降低。

为保证工业上使用的钢具有足够的强度，并具有一定塑性和韧性，钢中碳的质量分数一般不超过 1.4%。

五、$Fe\text{-}Fe_3C$ 相图的应用

$Fe\text{-}Fe_3C$ 相图在生产实际中具有很大的意义，是选用钢铁材料和制订热加工工艺的重要理论依据。

1. 在选材方面的应用

铁碳合金相图表明了合金的成分、组织和性能的变化规律，为合理选择和使用钢铁材料提供了依据。如工程上需制造塑性、韧性好的构件，应选用低碳钢；要求制造强度、硬度和韧性等综合力学性能较好的构件，应选用中碳钢；各种工具要求高硬度和高耐磨性，则应选用高碳钢。

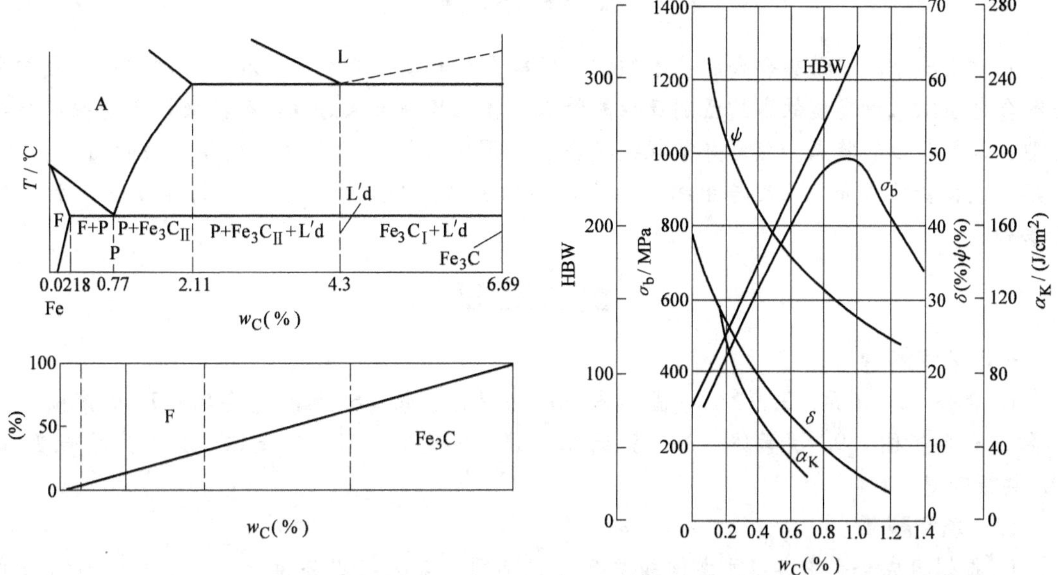

图 4-27　铁碳合金的室温组织与成分的关系　　　　图 4-28　铁碳合金的性能与成分的关系

2. 在制订热加工工艺方面的应用

（1）铸造方面的应用　液相线可以找出不同成分铁碳合金的熔点，从而可以确定合适的熔化温度和浇注温度。由图 4-29 可以看出，钢的熔化温度和浇注温度比铸铁高，且靠近共晶成分的铁碳合金熔点最低，凝固温度范围最小，因而具有良好的铸造性能。共晶成分附近的铁碳合金适宜铸造成形。

（2）在压力加工方面的应用

钢的高温固态组织为单相奥氏体，强度低，具有很好的塑性，易于塑性变形。因此钢材轧制或锻造应选择在单相奥氏体的温度范围内进行。一般始锻温度不宜过高，以免钢材因塑性差而导致工件开裂。各种碳钢合适的锻轧温度范围如图 4-29 所示。

3. 热处理方面的应用

热处理工艺与铁碳合金相图有着更为密切的关系。热处理工艺加热温度的选择都是以铁碳合金相图中的相变线（A_1、A_3、A_{cm}）作为理论依据的。这方面内容将在第五章“钢的热处理”中详细阐述。

必须指出，铁碳合金相图是在极其缓慢冷却或加热条件下获得的，但在实际生产中应考虑其他元素的影响，所以实际生产条件下的铁碳合金相图与理论铁碳合金相图有一定差距。

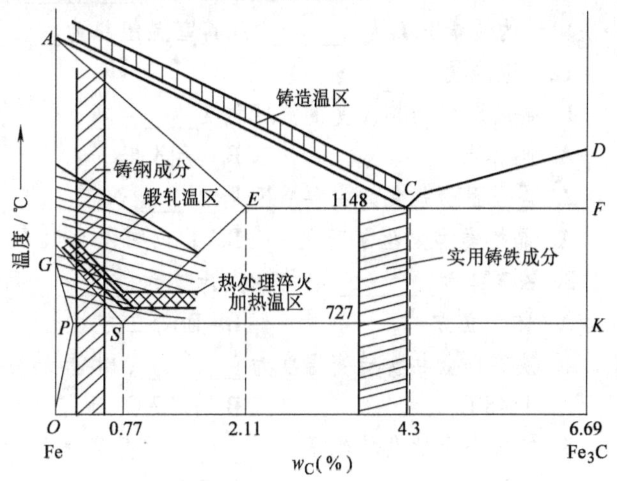

图 4-29　铁碳合金相图与热加工工艺规范的关系

本章小结

本章主要介绍了铁碳合金的基本组织，铁碳合金相图及其应用。在学习过程中，应首先理解合金组织三种类型的本质区别及性能特点，在此基础上很好地理解铁碳合金的基本组织类型、结构及性能特点。熟悉并掌握铁碳合金相图中特性点、线意义及各区域的组织特征，掌握铁碳合金的成分、温度与组织、性能之间的关系，为后续课程（钢的热处理）打下良好基础。

复习思考题

一、名词解释

1. 合金 2. 组元 3. 相 4. 固溶体 5. 金属化合物 6. 机械混合物 7. 固溶强化 8. 铁碳合金相图 9. 铁素体 10. 奥氏体 11. 渗碳体 12. 珠光体 13. 共晶转变 14. 共析转变

二、填空题

1. 根据组成合金中各组元之间的结合方式不同，合金组织分为________、________和________三种类型。

2. 根据溶质原子在溶剂晶格中所占据的位置不同，固溶体可分为________和________。溶质在溶剂中的溶解度随温度升高而________。

3. 分别填写铁碳合金组织的符号：铁素体________；奥氏体________；渗碳体________；珠光体________；高温莱氏体________；低温莱氏体________。

4. 奥氏体在1148℃时碳的质量分数可达________，在727℃时碳的质量分数为________。

5. 碳的质量分数为________的铁碳合金称为钢。根据室温组织不同，钢又可分为________钢，其室温组织为________和________；________钢，其室温组织为________；________钢，其室温组织为________和________。

6. 亚共晶白口铸铁中碳的质量分数为________，其室温组织为________；过共晶白口铸铁中碳的质量分数为________，其室温组织为________。

三、选择题

1. 金属发生结构改变的温度称为________。

A. 临界点　　B. 凝固点　　C. 过冷度

2. 合金固溶强化的主要原因是________。

A. 晶格类型发生了变化　　B. 晶粒细化　　C. 晶格畸变

3. 铁素体为________晶格，奥氏体为________晶格。

A. 体心立方　　B. 面心立方　　C. 密排六方

4. 铁碳合金共析转变温度为________，共晶转变温度为________。

A. 1148℃　　B. 1227℃　　C. 727℃

5. 铁碳合金的共析线是________，共晶线是________。

A. ACD　　B. ECF　　C. PSK

6. 从奥氏体中析出的渗碳体称为________，从液态合金中析出的渗碳体称为________。

A. 一次渗碳体　　　　　　B. 二次渗碳体　　　　　C. 三次渗碳体

7. 铁碳合金相图上的ES线，用符号________表示；PSK线用符号________表示；GS线用符号________表示。

A. A_1　　　　　　　　　B. A_3　　　　　　　　C. A_{cm}

四、问答题

1. 试说明铁碳合金相图中各特性点和特性线的含义。
2. 什么是共析转变和共晶转变？分别写出铁碳合金共晶转变和共析转变的表达式。
3. 试分析碳的质量分数为0.45%和1.2%的铁碳合金从液态冷却到室温的结晶过程。
4. 试述铁碳合金中钢的室温组织和性能随碳的质量分数变化的规律。

第五章　钢的热处理

学习目标　了解钢在加热和冷却时的组织转变过程，掌握退火、正火、淬火、回火工艺的目的、方法及应用，了解热处理新工艺。重点是退火、正火、淬火、回火、表面热处理及化学热处理的工艺特点及选用。难点是对等温转变图的理解及转变产物之间的区别。

热处理是将固态金属或合金采用适当的方式进行加热、保温和冷却，以获得所需要的组织结构和性能的工艺。热处理在机械制造业中占有十分重要的地位。它可以充分发挥材料性能的潜力，提高零件的使用性能和使用寿命，减轻工件自重，节约材料，降低成本。

根据热处理的目的和工艺方式不同，热处理方法可分为以下几类：

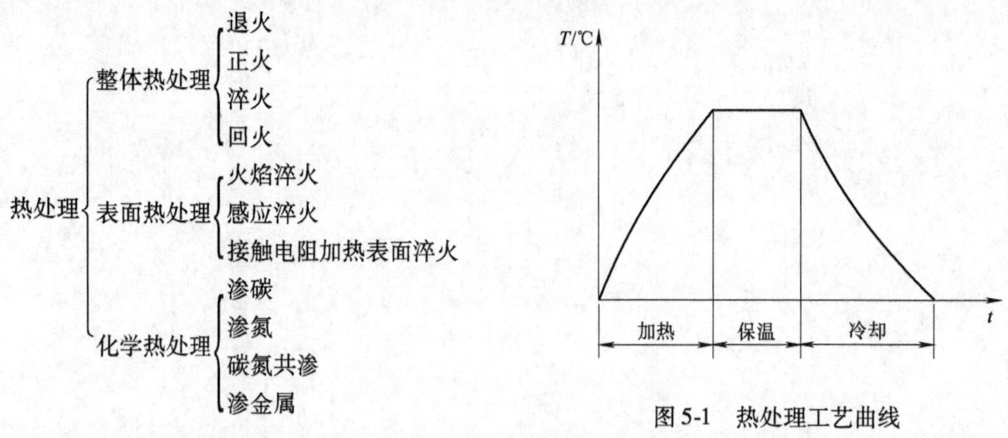

图 5-1　热处理工艺曲线

热处理方法虽然很多，但任何一种热处理工艺都是由加热、保温和冷却三个阶段组成，并可用温度-时间坐标图来表示，如图 5-1 所示为热处理工艺曲线。

第一节　钢在加热时的转变

由 Fe-Fe_3C 相图可知，A_1、A_3、A_{cm} 是钢在极其缓慢加热和冷却条件下测得的临界点，但在实际加热和冷却条件并不是极缓慢的，所以组织转变也会有滞后的现象，为了便于区别，通常加热时的临界点用符号 Ac_1、Ac_3、Ac_{cm} 表示；冷却时的临界点用符号 Ar_1、Ar_3、Ar_{cm} 表示，如图 5-2 所示。

一、钢的奥氏体形成

由图 5-2 可见，共析钢加热到 Ac_1 以上时，珠光体转变为奥氏体，亚共析钢加热到 Ac_3 以上时，铁素体转变为奥氏体；过共析钢加热到 Ac_{cm} 以上时，二次渗碳体完全溶入奥氏体中。这种通过加热获得奥氏体组织的过程称为钢的奥氏体化。

如图5-3所示为共析钢的奥氏体形成过程示意图。珠光体向奥氏体的转变是通过形核和晶核长大的过程实现的，其转变过程分为以下几个阶段：

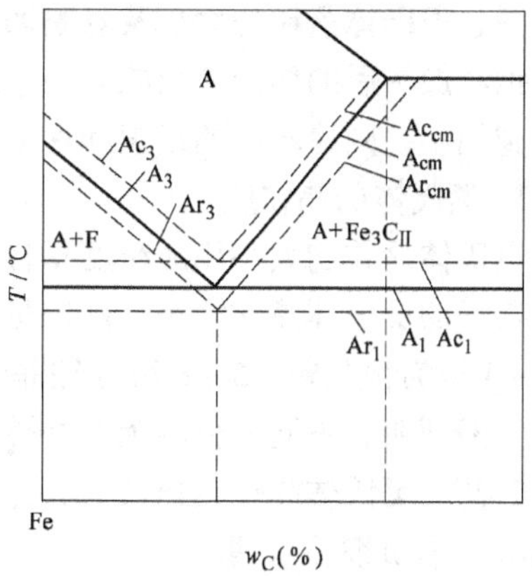

图5-2 加热、冷却时钢的临界点

1. 奥氏体晶核的形成及长大

共析钢加热到 Ac_1 以上，奥氏体晶核优先在铁素体和渗碳体的交界面上形成，这是由于在交界面上的原子排列紊乱，处于不稳定状态，为奥氏体的形核提供了有利条件。奥氏体晶核形成后，铁素体晶格不断转变为奥氏体晶格，同时渗碳体通过分解不断溶入奥氏体晶核中，从而使奥氏体晶核逐渐长大，直至珠光体消失，全部转变为奥氏体。

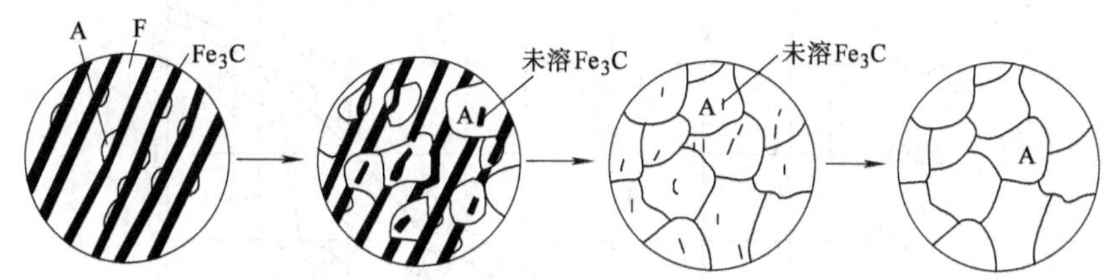

图5-3 共析钢的奥氏体形成过程示意图

2. 残余渗碳体的溶解

由于渗碳体的晶体结构和碳的质量分数与奥氏体差别很大，所以渗碳体向奥氏体溶解的速度必然落后于铁素体向奥氏体的转变，在铁素体全部转变为奥氏体时，仍然会有渗碳体尚未溶解，因而需要一段时间使残余渗碳体向奥氏体中溶解，直到渗碳体全部溶于奥氏体。

3. 奥氏体成分的均匀化

由于铁素体和渗碳体中碳的质量分数相差悬殊，当奥氏体转变刚结束时，原来渗碳体处碳的质量分数较大，而在原来铁素体处碳的质量分数较小，这样会造成奥氏体成分不均匀，因此需要延长保温时间，通过碳原子扩散使奥氏体成分均匀化。

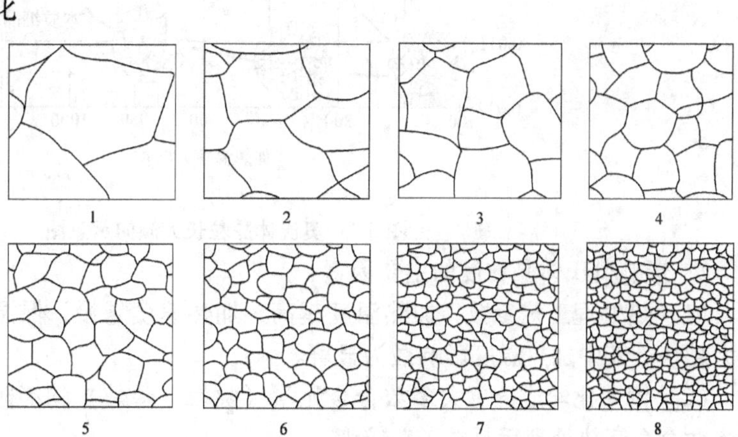

图5-4 奥氏体标准晶粒度等级示意图

亚共析钢和过共析钢加热到 Ac_1 以上时，其转变与共析钢相同，所不同的是，亚共析钢需加热到 Ac_3 以上，过共析钢需加热到 Ac_{cm} 以上才能全部转变为奥氏体组织。

二、奥氏体晶粒的大小及影响因素

钢经加热后的奥氏体晶粒大小，对冷却后的组织和性能有很大影响。一般来说，奥氏体晶粒越细小，则冷却后的组织和性能就越好。

1. 奥氏体的晶粒度

奥氏体晶粒的大小用晶粒度指标来衡量。晶粒度是指将钢加热到一定温度，保温一定时间后获得的奥氏体晶粒大小。国家标准 GB/T8493—1987 将奥氏体晶粒度分为 8 个等级，其中 1 ~ 4 级为粗晶粒，5 ~ 8 级为细晶粒。如图 5-4 所示为奥氏体标准晶粒度等级示意图。

实践证明，不同成分的钢在加热时奥氏体晶粒的长大倾向是不同的，如图 5-5 所示，随温度升高，奥氏体晶粒迅速长大，这种钢为本质粗晶粒钢；而随温度升高，晶粒长大缓慢的钢则称为本质细晶粒钢。

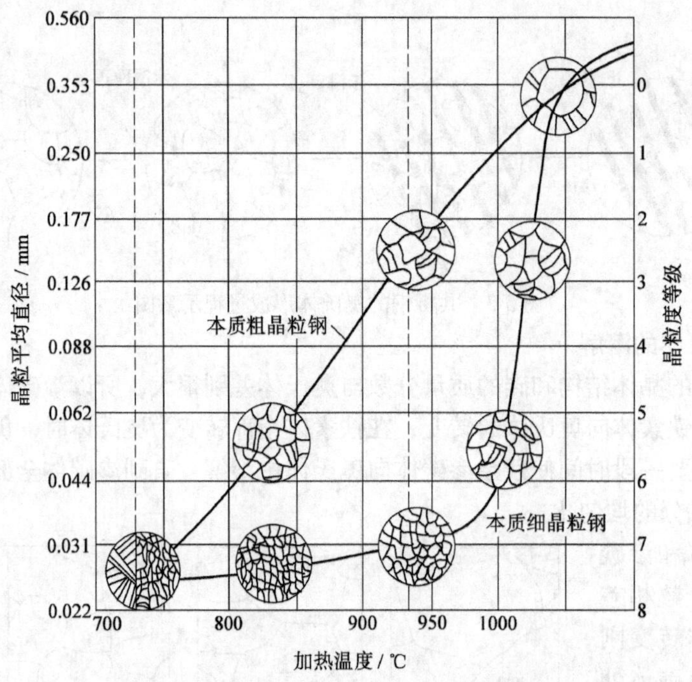

图 5-5　奥氏体晶粒长大倾向示意图

2. 影响奥氏体晶粒度的主要因素

（1）热处理工艺参数　加热温度越高，加热速度越慢，保温时间越长，则奥氏体晶粒长大越快。其中加热温度影响最为显著。

（2）钢中化学成分　大多数合金元素（除锰、磷外）均能阻止奥氏体晶粒的长大，所以多数合金钢热处理后晶粒一般较细。

（3）原始组织　钢的原始组织晶粒越细，热处理加热后的奥氏体晶粒越细小。

综上分析可知，为使热处理加热后得到均匀细小的奥氏体晶粒，提高材料的性能，应选择合适的加热温度和保温时间，并合理选材。

第二节　钢在冷却时的转变

钢经加热保温获得奥氏体后，在不同的冷却条件下进行冷却，可以获得不同的力学性能，表5-1为45钢经不同条件冷却后的力学性能。由于Fe-Fe_3C相图只能说明在缓慢加热和冷却条件下，钢的成分、组织和温度之间的变化规律，但在实际热处理冷却条件下，钢的组织结构还会发生一系列不同的变化。所以冷却过程是钢热处理的关键工序，对钢的使用性能起着决定性的作用。

表5-1　45钢经不同条件冷却后的力学性能（加热到840℃）

冷却方法	σ_b/MPa	σ_s/MPa	δ_5（%）	ψ（%）	硬度
随炉冷却	530	280	32.5	49.3	160～200HBW
空气中冷却	670～720	340	15～18	45～50	170～240HBW
油中冷却	900	620	18～20	48	40～50HRC
水中冷却	1100	720	7～8	12～14	52～60HRC

在热处理工艺中，常采用等温冷却转变和连续冷却转变两种方式，如图5-6所示。

等温冷却转变是将钢奥氏体化后，迅速冷却到A_1以下某一温度保温时，过冷奥氏体（即在共析温度以下存在的奥氏体）所发生的转变称为等温转变，如图5-6曲线2所示。连续冷却转变是将钢奥氏体化后，以不同冷却速度连续冷却过程中，过冷奥氏体发生的转变称为连续冷却转变，如图5-6曲线1所示。

一、共析钢过冷奥氏体的等温转变

1. 过冷奥氏体等温转变图

表示过冷奥氏体的转变温度、转变时间与转变产物之间关系的曲线图称为过冷奥氏体等温转变图，简称等温转变图，俗称“C”曲线，如图5-7所示为共析钢等温转变图。

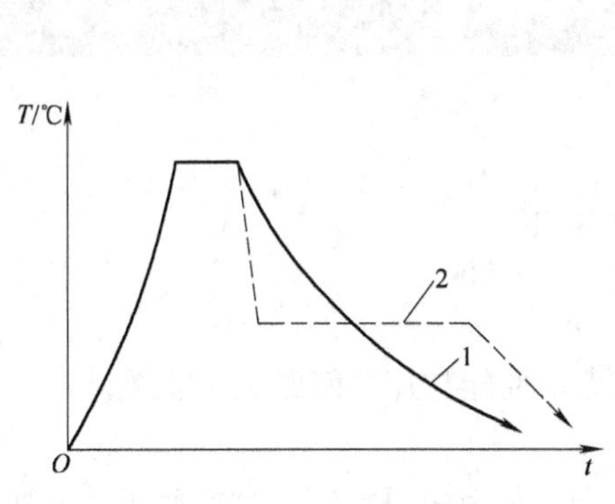

图5-6　奥氏体的冷却曲线

1—连续冷却曲线　2—等温冷却曲线

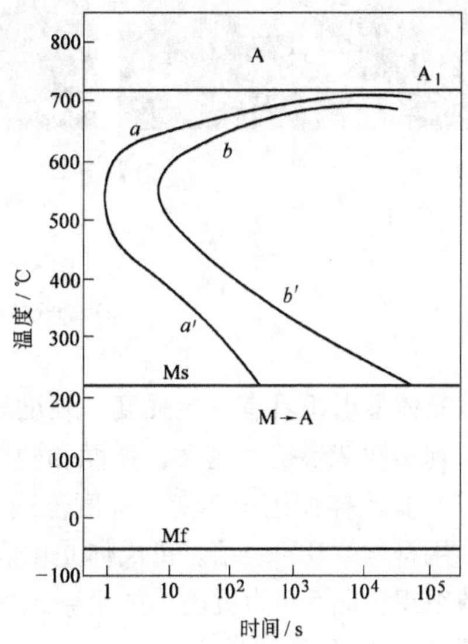

图5-7　共析钢等温转变图

2. 等温转变图分析

图 5-7 中 aa'线为过冷奥氏体等温转变开始线，bb'为过冷奥氏体等温转变终了线；A_1 线为共析线，Ms 线为过冷奥氏体向马氏体转变的开始线，Mf 线为过冷奥氏体向马氏体转变的终了线。

A_1 线以上为稳定奥氏体区，aa'线以左为过冷奥氏体区，bb'线以右为转变产物区，aa'线与 bb'线之间为过冷奥氏体与转变产物共存区域，Ms 线与 Mf 线之间为过冷奥氏体向马氏体转变区域。

过冷奥氏体的等温转变是要经历一段孕育期的，即转变开始线以左，过冷奥氏体稳定存在的时间（aa'线至温度坐标轴之间）称为过冷奥氏体孕育期。由图 5-7 可见，等温转变图鼻尖（550℃左右）处，孕育期最短，此时过冷奥氏体最不稳定，转变速度最快。

3. 过冷奥氏体等温转变产物的组织和性能

（1）珠光体型组织转变　温度范围为 A_1 ~550℃，称为高温转变，过冷奥氏体转变为铁素体和渗碳体片层相间的组织，温度越低，片层间距越小。根据片层粗细，可把珠光体型组织分为珠光体，用符号“P”表示；索氏体，用符号“S”表示；托氏体，用符号“T”表示。

如图 5-8 所示为珠光体型显微组织。其中 a 图为粗片状珠光体（P）；b 图为细片状珠光体（S）；c 图为极细片状珠光体（T）。

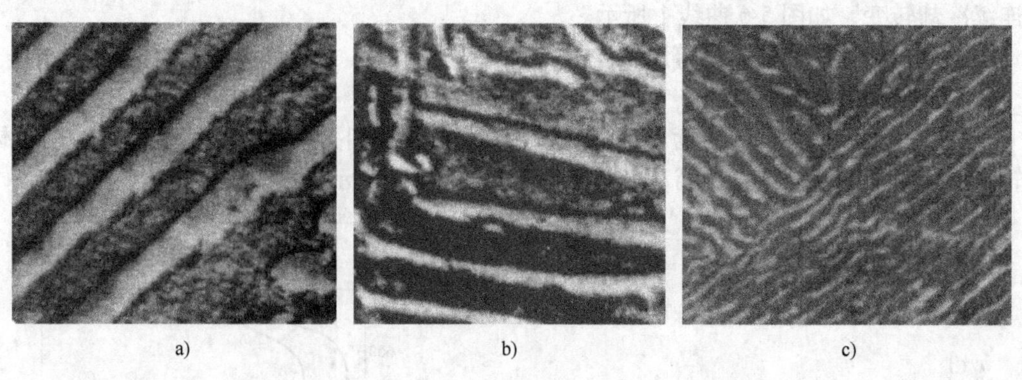

a)　　b)　　c)

图 5-8　珠光体型显微组织

a）珠光体　b）索氏体　c）托氏体

珠光体型组织具有一定强度、硬度和韧性，其力学性能与片层间距大小有关，片层间距越小，则塑性变形抗力越大，强度和硬度越高。

（2）贝氏体型组织转变　温度范围为 550℃ ~ Ms，称为中温转变，过冷奥氏体转变为贝氏体，用符号“B”表示。贝氏体是由碳的质量分数过饱和的铁素体和渗碳体（或碳化物）组成的组织，图 5-9 为贝氏体的显微组织示意图。贝氏体分为上贝氏体和下贝氏体两种，分别用符号“$B_上$”和“$B_下$”表示。

上贝氏体的力学性能较差，生产上很少使用，而下贝氏体通常具有优良的综合力学性能，即强度和韧性都较好。

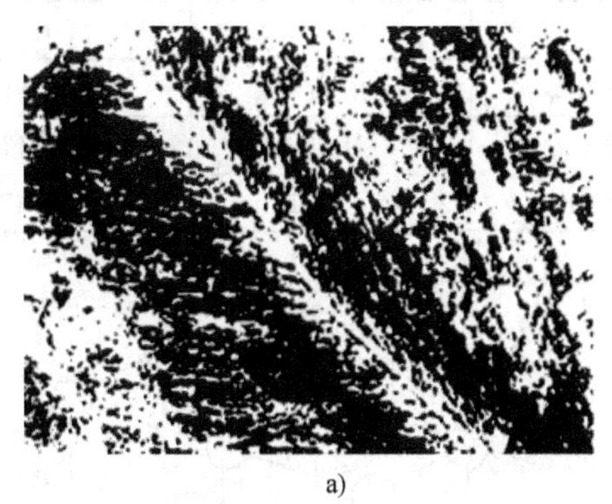

a)

b)

图 5-9　贝氏体的显微组织示意图

a）上贝氏体　b）下贝氏体

共析钢过冷奥氏体等温转变的产物和性能见表 5-2。

表 5-2　共析钢过冷奥氏体等温转变的产物和性能

转变类型	转变温度/℃	转变产物	符号	组织形态	硬度 HRC
高温转变	A_1 ~650	珠光体	P	粗片状	<25
	650 ~600	索氏体	S	细片状	25 ~35
	600 ~550	托氏体	T	极细片状	35 ~40
中温转变	550 ~350	上贝氏体	$B_上$	羽毛状	40 ~45
	350 ~Ms	下贝氏体	$B_下$	黑色针状	45 ~55

二、连续冷却转变

1．等温转变图在连续冷却转变中的应用

在实际生产中，过冷奥氏体大多是在连续冷却条件下进行的，由于连续冷却转变图测定较困难，故常用等温转变图近似地分析连续冷却转变过程。

将相同成分钢的连续冷却的冷却速度曲线叠加到等温转变图上，便可根据速度线在等温转变图上相交的位置，近似估计出连续冷却转变产物。如图 5-10 所示为在共析钢等温转变图上估计连续冷却时的转变情况。

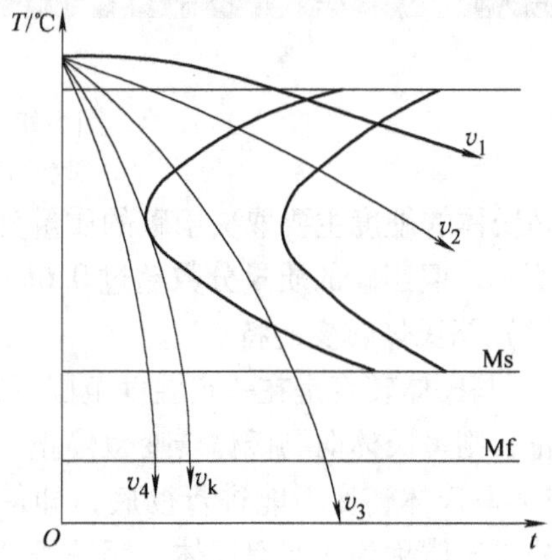

图 5-10　等温转变图在连续冷却中的应用

由图 5-10 可见，$v_1 < v_2 < v_3 < v_4$，且 v_1、v_2、v_3、v_4 代表热处理中四种常用的连续冷却方式。在此四种冷却方式下连续冷却转变的产物和性能见表 5-3。

表 5-3　连续冷却转变的产物和性能

冷却速度	v_1	v_2	v_3	v_4
冷却方式	随炉冷却	空气中冷却	油中冷却	水中冷却
转变产物	P	S	M + T	M + 残留 A
硬度	170 ~ 220HBW	25 ~ 35HRC	45 ~ 55HRC	55 ~ 65HRC

2. 马氏体转变

(1) 马氏体的组织和性能　过冷奥氏体在 Ms 线以下发生的转变称为马氏体转变。马氏体转变属于低温转变，不进行碳原子扩散，只是 γ-Fe 向 α-Fe 晶格转变，奥氏体中碳原子原封不动地保留在 α-Fe 的晶格中，形成碳在 α-Fe 中的过饱和固溶体，称为马氏体，用符号“M”表示，如图 5-11 所示为马氏体晶格结构示意图。

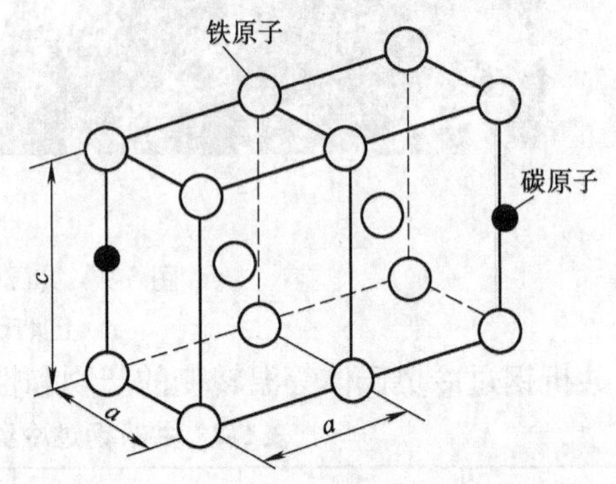

图 5-11　马氏体晶格结构示意图

马氏体的显微组织如图 5-12 所示。针状马氏体（$w_C > 1.0\%$），强度高，脆性大；板条状马氏体（$w_C < 0.2\%$），具有良好的强度和较好的韧性。

a)

b)

图 5-12　马氏体的显微组织

a) 针状马氏体　b) 板条状马氏体

马氏体的硬度主要取决于碳的质量分数。碳的质量分数越大，马氏体的硬度越高，如图 5-13 所示，但当碳的质量分数超过 0.6% 时，钢的硬度增加很慢。

(2) 马氏体转变的特点

1) 马氏体转变是在一定温度范围（Ms ~ Mf）内连续冷却过程中进行的，如果冷却在中途停止，则奥氏体向马氏体转变也停止。

2) 马氏体转变不能进行彻底，即使过冷到 Mf 以下温度，仍有一定量的奥氏体存在，这部分奥氏体称为残留奥氏体，用符号“A”表示。残留奥氏体是不稳定的组织。要想使残留奥氏体继续转变为马氏体，必须进行冷处理，即将淬火钢继续冷却到室温以下（ -70 ~ -80℃）的处理方法。精密量具、刀具通常采用淬火后冷处理，以保证尺寸稳定性。

3）马氏体转变的速度极快，一般不需要孕育期。

4）马氏体比体积较大，奥氏体转变为马氏体会引起体积膨胀，因而产生很大内应力，这是导致淬火变形和开裂的主要原因。

（3）马氏体的临界冷却速度　图 5-10 中，v_k 恰好与等温转变图的开始线在鼻尖处相切，过冷奥氏体不发生分解。表示钢中奥氏体在连续冷却过程中，全部过冷到 Ms 线以下向马氏体转变的最小冷却速度，称为钢的临界冷却速度，用符号 v_k 表示。

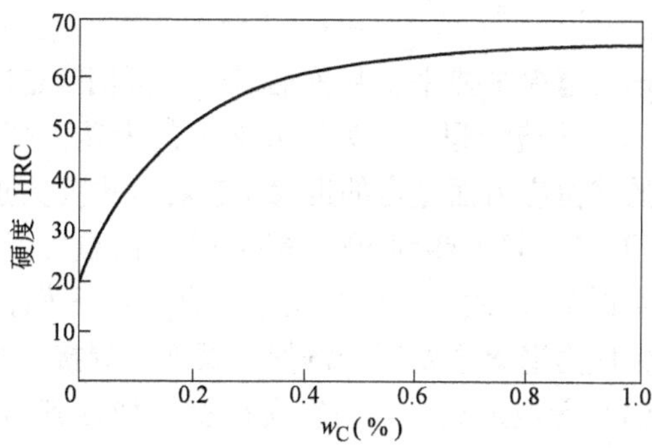

图 5-13　碳的质量分数对马氏体硬度的影响

第三节　钢的退火与正火

一、退火

退火是将钢加热到适当温度，保持一定时间，然后缓慢冷却（一般随炉冷却）的热处理工艺。

1. 退火的目的

1）降低硬度，提高塑性，改善可加工性。

2）细化晶粒，均匀成分，为最终热处理作准备。

3）消除钢中的残留应力，防止变形和开裂。

2. 退火方法

根据钢的化学成分和退火的目的不同，退火方法可分为完全退火、球化退火、去应力退火、等温退火等。

（1）完全退火　将钢加热到完全奥氏体化，随后缓慢冷却，获得接近平衡状态组织的热处理工艺，称为完全退火。

亚共析钢完全退火的温度范围一般为 Ac_3 以上 30～50℃，缓慢冷却后的组织为铁素体加珠光体的混合物，从而达到了降低硬度，细化晶粒，消除内应力的目的。

完全退火主要用于亚共析钢的铸件、锻件、热轧型材及焊接件等。而过共析钢则不宜采用完全退火。

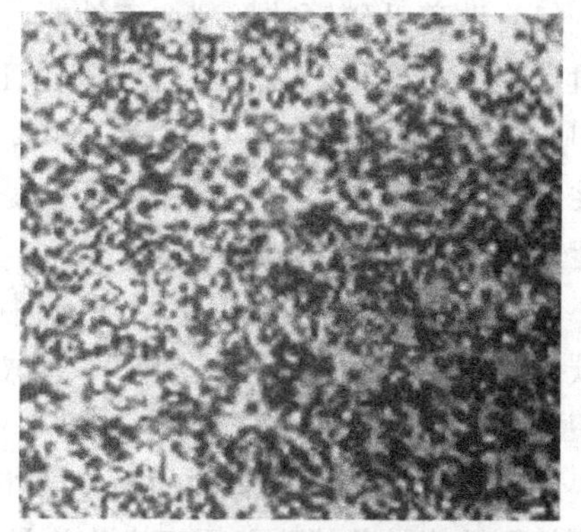

图 5-14　球状珠光体的显微组织

（2）球化退火　为了使钢中碳化物呈球状化而进行的退火工艺称为球化退火，其工艺过程是将钢加热到 Ac_1 以上 20～30℃，保温后缓慢冷却，球化退火后得到球状珠光体组织（铁素体基体上分布着球形细粒状渗碳体）。如图 5-14 所示为球状珠光体显微组织。球化退火后，可降低硬度，改善可加工性，并为淬火做准备。

球化退火主要用于共析钢或过共析钢制造的刃具、量具、模具和滚动轴承等。

(3) 去应力退火　为了去除工件因塑性变形加工、切削加工、焊接等造成的及铸件内存在的残留应力而进行的退火工艺称为去应力退火。去应力退火的加热温度为 Ac_1 以下 100 ~200℃（一般加热到500 ~650℃），保温后缓慢冷却到200℃以下出炉空冷。由于去应力退火温度低于 A_1 线，因此去应力退火过程不发生相变，仅消除内应力。

去应力退火主要用于铸件、锻件、焊接、冲压件及机械加工件中的残留应力。

(4) 等温退火　等温退火是将钢加热到 Ac_1 或 Ac_3 以上某一温度，保温后以较快速度冷却到珠光体温度区间内的某一温度并等温保持，使奥氏体转变为珠光体型组织，然后出炉空冷的退火工艺。

等温退火的目的与完全退火相同，但等温退火后组织均匀，性能一致，且生产周期短。主要用于中碳合金钢及一些高合金钢的大型铸锻件及冲压件等。

二、正火

将钢加热到 Ac_3 或 Ac_{cm} 以上 30 ~50℃，保温后在静止空气中冷却的热处理工艺称为正火。

1. 正火与退火的区别

正火与退火的目的基本相同。正火加热的温度稍微高些，冷却的速度稍快，得到的组织较细小，所以强度、硬度比退火的高，见表5-4。由于正火操作简便，生产周期短，成本低，所以在满足使用性能的前提下，应优先选用正火。

表 5-4　45 钢退火、正火状态的力学性能比较

状态	σ_b/MPa	δ_5（%）	a_K/（J/cm²）	硬度 HBW
退火	650 ~700	15 ~20	40 ~60	180
正火	700 ~800	15 ~20	50 ~80	160 ~220

2. 正火的适用范围

(1) 改善低碳钢的切削加工性能　一般认为硬度值在 170 ~220HBW 范围内切削加工性能最好，如图 5-15 所示。低碳钢（w_C <0.25%）退火后的硬度值在 160HBW 以下，硬度过低，易粘刀，而正火能适当提高硬度，改善可加工性。

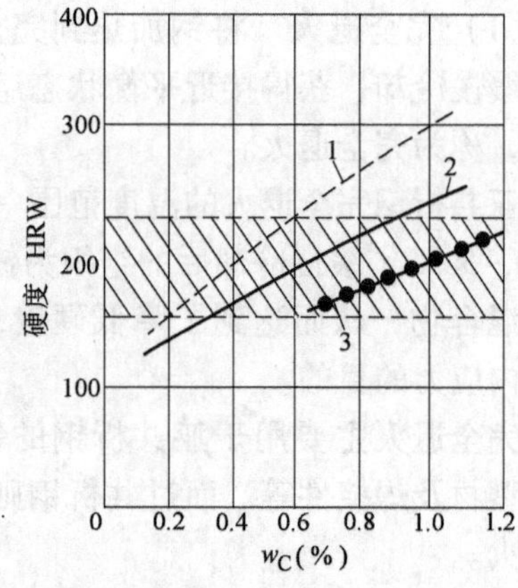

图 5-15　退火与正火后钢的硬度值范围

1—正火　2—完全退火　3—球化退火

(2) 消除网状渗碳体　过共析钢中有网状二次渗碳体，正火可以消除网状渗碳体为球化退火做好组织准备。

(3) 作为普通结构零件的最终热处理　在能够满足使用性能的前提下可用正火作为最终热处理。

(4) 作为重要零件的预备热处理　正火作为预备热处理，可以细化晶粒，改善可加工性，均匀组织，消除内应力，防止后续加工过程中的变形和开裂倾向。

各种退火和正火加热温度范围及工艺曲线如图 5-16 所示。

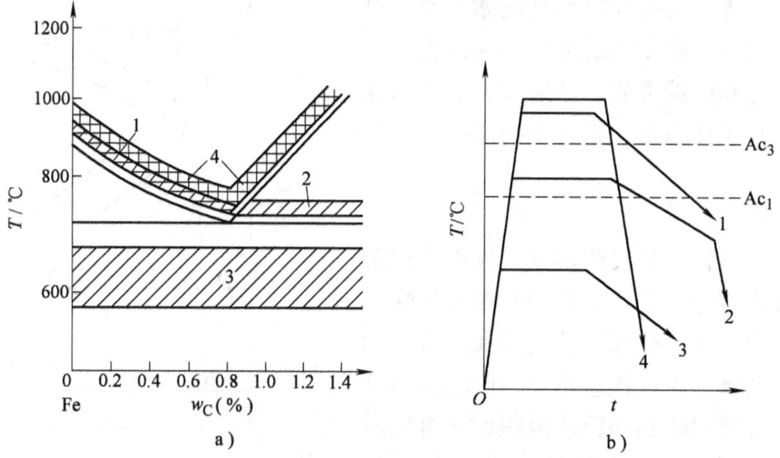

图 5-16　各种退火和正火工艺示意图

a）加热温度范围　b）热处理工艺曲线

1—完全退火　2—球化退火　3—去应力退火　4—正火

第四节　钢 的 淬 火

淬火是将钢加热到 Ac_3 或 Ac_1 点以上某一温度，保温一定时间，然后以适当速度冷却，获得马氏体或下贝氏体组织的热处理工艺。淬火回火后可使工件获得良好的使用性能，因此通常把淬火及回火工艺作为最终热处理。

一、淬火的目的及工艺

1. 淬火的目的

淬火的目的是为了得到马氏体（或下贝氏体）组织，提高钢的强度、硬度及耐磨性。

2. 淬火加热温度

淬火加热温度可根据 Fe-Fe_3C 相图进行选择，如图 5-17 所示。

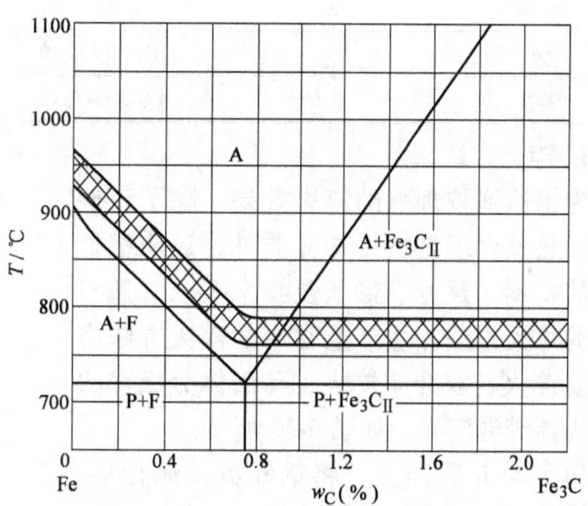

图 5-17　碳钢淬火加热温度范围示意图

亚共析钢的淬火加热温度一般为 Ac_3 以上 30～50℃，目的是获得细小奥氏体晶粒，淬火后得到均匀细小的马氏体组织。如果加热温度过高，则会引起奥氏体晶粒粗大，使淬火后钢的脆性增大，力学性能降低；如果加热温度过低，淬火组织中将出现铁素体，使淬火后硬度及耐磨性降低。

共析钢和过共析钢的淬火加热温度一般为 Ac_1 以上 30～50℃，得到奥氏体和粒状渗碳体组织，淬火后获得细小的马氏体和粒状渗碳体组织，保证钢的高硬度和高耐磨性。如果加

热温度在 Ac_{cm} 以上，将会导致渗碳体消失，奥氏体晶粒粗化，淬火后得到粗大马氏体，残留奥氏体量增多，使钢的硬度和耐磨性下降，脆性增大，易产生氧化和脱碳现象。如果淬火加热温度过低，得到非马氏体组织，则达不到淬火的目的要求。

3. 淬火介质

为了保证奥氏体向马氏体转变，淬火冷却速度必须大于临界冷却速度 v_k，但冷却速度过快会导致淬火内应力增大，引起工件变形和开裂。如果在等温转变图鼻尖附近快速冷却，而其他温度区间慢冷，这样既可得到马氏体组织，又可以减小变形，防止开裂。钢的理想淬火冷却速度曲线如图 5-18 所示。

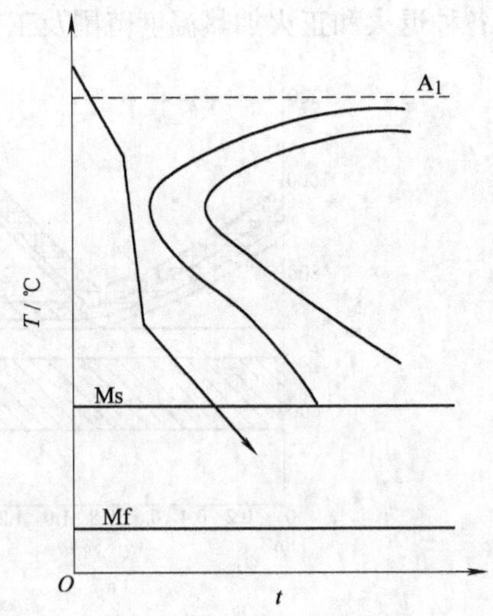

图 5-18 钢的理想淬火冷却速度

生产上常用的淬火介质有油、水、盐水、盐浴及空气等。表 5-5 为几种淬火介质淬冷烈度（淬冷烈度 H 值越大，冷却能力越强）。由表 5-5 可见，水和盐水的冷却能力最强，常用于形状简单的碳钢件的淬火；油的冷却能力较弱，常用于奥氏体稳定性较高的合金钢件的淬火。

表 5-5 几种淬火介质淬冷烈度 H 值

搅动情况	淬火介质淬冷烈度 H			
	空气	油	水	盐水
静止	0.20	0.25～0.30	0.90～1.00	2.00
中等	—	0.35～0.40	1.10～1.20	—
强	—	0.50～0.80	1.60～2.00	—
强烈	0.08	0.80～1.10	4.00	5.00

4. 淬火方法

为了达到较理想的淬火效果，除了正确进行加热及合理选择冷却介质外，还应根据工件的材料、尺寸、形状及技术要求，选择合适的淬火方法。生产上常用的淬火方法有单介质淬火、双介质淬火、马氏体分级淬火和贝氏体等温淬火，如图 5-19 所示。

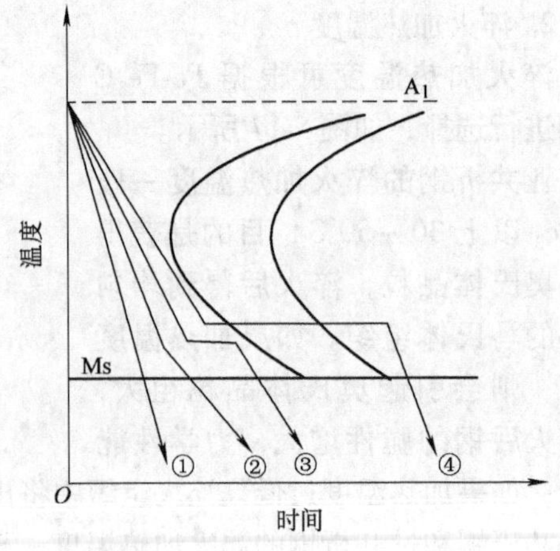

图 5-19 常用淬火方法示意图

（1）单介质淬火　将钢件奥氏体化后，在一种淬火介质中冷却的方法称为单介质淬火，如图 5-19①所示，如碳钢件用水淬，合金钢用油淬等。单介质淬火操作简单，综合冷却性能不理想，所以只适用于形状简单的工件。

（2）双介质淬火　将钢件奥氏体化后，先浸入冷却能力较强的介质中，冷却至接近 Ms 点温度时，立即将工件取出转入另一种冷却能力较弱的介质中冷却，使其发生马氏体转变的淬火方法称为双介质淬火，如图 5-19②所示。例如先水后油，先水后空气等，这种方法克服了单介质淬火法的缺点，既可得到马氏体组织，又可以防止变形与开裂，但操作有一定的难度。主要用于形状较复杂的碳钢件及尺寸较大的合金钢件。

（3）马氏体分级淬火　将已奥氏体化的钢件浸入温度在 Ms 点附近的盐浴或碱浴中，保温适当时间，待工件内外层均达到介质温度后取出空冷，以获得马氏体组织的淬火方法称为马氏体分级淬火，如图 5-19③所示。这种方法可有效地减小淬火内应力，防止变形与开裂，主要适用于尺寸较小、形状复杂的工件，如小尺寸的工模具常用此方法。

（4）贝氏体等温淬火　将工件奥氏体化后，快速冷却到贝氏体转变温度区间，使奥氏体转变为下贝氏体组织的淬火方法称为贝氏体等温淬火，如图 5－19④所示。这种方法可以显著减小淬火应力和变形，使工件具有较高的强度、耐磨性和较好的塑性、韧性。该方法适用于截面尺寸小、形状复杂、尺寸精确及综合力学性能要求较高的工件，如模具、成形刀具等。

二、钢的淬透性与淬硬性

1. 淬透性

淬透性是指在规定条件下，钢在淬火冷却时获得马氏体组织深度的能力。淬透性是钢的主要热处理性能指标，它对于钢材的选用及制订热处理工艺具有重要的意义。

影响淬透性的因素是钢的临界冷却速度。凡是增加过冷奥氏体稳定性，降低临界冷却速度的因素（主要是钢的化学成分），均能提高钢的淬透性。如图 5-20 所示为工件淬透层与冷却速度的关系，图中马氏体区表示淬透层深度（或淬硬层深度）。

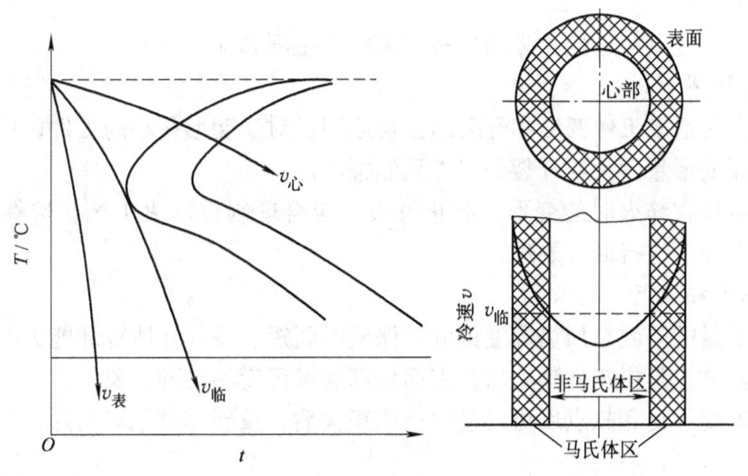

图 5-20　工件淬透层与淬火冷却速度的关系

实践证明，淬透性好的钢，淬火冷却后由表面到心部均获得马氏体组织，因此由表面到心部性能一致，具有良好的综合力学性能，对于截面尺寸大、形状复杂、要求综合力学性能好的工件，如机床主轴、连杆、螺栓等，应选用淬透性良好的钢材；另外，淬透性好的钢材，可采用较缓和的淬火介质冷却，以减小变形，防止开裂。而焊接件则选用淬透性较差的钢材，以避免焊缝热影响区出现淬火组织，造成焊件开裂。

2. 淬硬性

淬硬性是指钢在理想条件下进行淬火所能达到最高硬度的能力。淬硬性的影响因素是钢中碳的质量分数，碳的质量分数越大，淬硬性越高，反之，淬硬性越低。

淬透性与淬硬性是两个完全不同的概念。必须指出：淬透性好的钢，淬火后硬度不一定高，而淬硬性高的钢，淬透性不一定好。

三、淬火缺陷

1. 氧化与脱碳

氧化是指工件加热时，介质中的氧、二氧化碳和水蒸气与其表面反应生成氧化物的过程。氧化的结果形成一层松脆的氧化铁皮，造成金属损耗，而且降低了工件承载能力和表面质量。

脱碳是在加热过程中，介质与钢铁中的碳发生反应而使工件表面碳的质量分数减小的现象。脱碳会降低工件表层强度、硬度和耐磨性，对于弹簧、轴承和各种工具、模具等，脱碳是严重的缺陷。

为了防止氧化和脱碳，对于重要的受力构件，通常可在盐浴炉内加热，要求更高时，可在工件表面涂覆保护剂或在保护气氛及真空中加热。

2. 过热与过烧

钢件在淬火加热时，由于加热温度偏高而使奥氏体晶粒粗化的现象称为过热。工件过热后，晶粒粗大，不仅力学性能降低，也容易引起变形和开裂。过热后的工件可以用正火来消除晶粒粗大的现象。

如果加热温度过高超过固相线，造成奥氏体晶界氧化和部分熔化的现象称为过烧。过烧的工件只能报废。

为了防止工件过热和过烧，必须严格控制加热温度和保温时间。

3. 变形与开裂

淬火内应力是造成工件变形和开裂的主要原因。对于变形量小的工件，可以采取某些措施予以纠正，而变形量太大或开裂的工件只能报废。

为了减小工件在淬火时的变形，防止开裂，应合理制订淬火工艺，选择合适的淬火方法，并在淬火后及时进行回火处理。

4. 硬度不足和软点

产生硬度不足的原因是加热温度偏低、保温时间短、冷却介质冷却能力不足及工件表面氧化或脱碳等。软点是指工件淬火后，表面局部区域硬度不足的现象。

工件产生硬度不足和软点后可经过退火或正火后，重新淬火予以消除。

第五节 钢的回火

回火是将工件淬硬后，再加热到 Ac_1 以下某一温度，保持一定时间，然后冷却到室温的热处理工艺。由于淬火后的钢存在着组织和性能的缺陷，不能直接使用，只有淬火后及时进行适当的回火处理，才可以消除淬火缺陷，满足使用性能要求。回火目的主要有以下几点：

（1）减小或消除淬火应力　通过适当的回火可以消除淬火应力，以防止在使用过程中的变形和开裂。

（2）满足使用性能要求　淬火后的钢硬度高，脆性大，通过适当的回火，可以提高韧性，使工件具有较好的综合力学性能，以满足使用性能要求。

（3）稳定组织和尺寸　淬火后钢的组织是不稳定的马氏体和残留奥氏体，通过回火可以使组织转变为稳定组织，从而保证工件在使用过程中尺寸稳定。

一、钢在回火时组织和性能的变化

淬火后钢中的马氏体和残留奥氏体是不稳定的组织，它们有自发向稳定组织转变的趋势，但在室温下原子的活动能力很差，这种转变速度很慢。随着温度的升高，原子的活动能力增强，淬火组织将发生一系列变化，根据组织转变情况，回火过程一般有以下四个阶段的变化：

1．马氏体的分解

将淬火钢加热到80～200℃范围时，马氏体开始分解，马氏体中过饱和碳原子以极细小碳化物形式析出，使马氏体中碳的质量分数减小，过饱和程度下降，晶格畸变程度减弱，内应力有所降低。此过程形成由过饱和程度降低的马氏体和细小碳化物组成的组织称为回火马氏体。

虽然马氏体中碳的过饱和程度降低，硬度有所下降，但析出的碳化物对基体又起强化作用，所以此阶段仍保持淬火钢高硬度和高耐磨性，但内应力下降，韧性有所提高。

2．残留奥氏体分解

当温度升至200～300℃范围内时，马氏体继续分解，同时残留奥氏体也开始分解，转变为下贝氏体组织，此阶段硬度没有明显降低，内应力进一步减小。

3．渗碳体的形成

当回火温度加热到300～400℃范围时，从过饱和固溶体中析出的碳化物逐渐转变为细小颗粒状渗碳体，到达400℃时，α-Fe中过饱和碳基本析出，α-Fe的晶格结构恢复正常，内应力基本消除。此时形成由铁素体和细粒状渗碳体组成的混合物称为回火托氏体。

4．渗碳体的聚集长大

当温度达到400℃以上时，随温度的升高，渗碳体颗粒聚集长大，温度越高，渗碳体颗粒越粗大，钢的强度、硬度越低。

当温度达到500～600℃范围时，铁素体发生再结晶，由原来的片状或板条状转变为多边形晶粒，此时的回火组织为铁素体基体上分布着颗粒状渗碳体称为回火索氏体。如图5-21所示为回火索氏体显微组织。

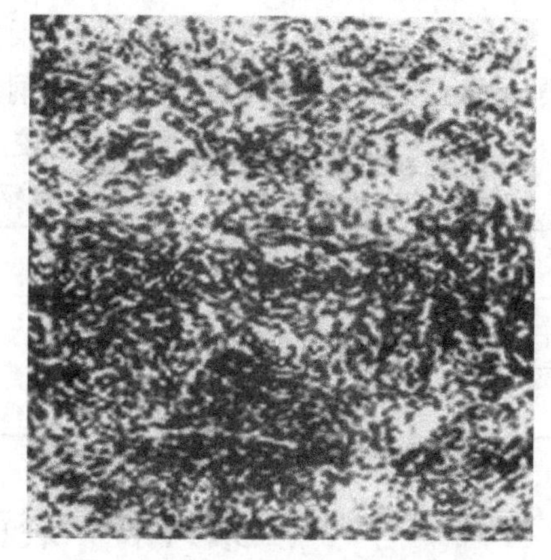

图5-21　回火索氏体显微组织

淬火钢在回火过程中，由于组织发生了一系列变化，使钢的性能也发生改变。性能变化的基本趋势是：随回火温度的升高，钢的强度、硬度下降，而塑性、韧性提高，如图5-22所示。

值得注意的是，淬火钢在250～350℃回火时，冲击韧度值明显下降，出现脆性，这种现象称为低温回火脆性，一般应避开这个温度范围进行回火。

二、回火的方法及其应用

通过不同温度的回火，可以获得不同的组织与性能，从而满足不同使用性能的要求，回火属于最终热处理。根据回火温度范围不同，回火可分为低温回火、中温回火及高温回火三种。

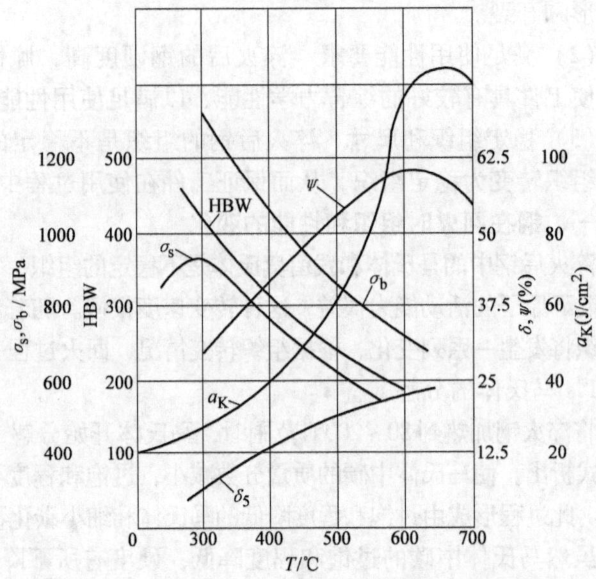

图 5-22　40 钢力学性能与回火温度的关系

1. 低温回火（<250℃）

低温回火得到回火马氏体组织，保持了淬火钢高的硬度和耐磨性，降低了内应力，减小了脆性。低温回火硬度一般为 58～64HRC。主要用于高碳钢、合金工具钢制造的刃具、量具、冷作模具、滚动轴承及渗碳件、表面淬火件等。

2. 中温回火（350～500℃）

中温回火得到回火托氏体组织，使工件获得高的弹性极限、屈服点和一定的韧性。中温回火的硬度一般为 35～50HRC。主要用于弹性件及热锻模等。

3. 高温回火（>500℃）

高温回火得到回火索氏体组织，有较高的强度，良好的塑性和韧性，即具有良好的综合力学性能。高温回火的硬度一般为 200～330HBW。生产上常把淬火加高温回火的复合热处理称为调质处理。调质处理主要用于轴类、连杆、螺栓、齿轮等工件。

钢件经调质处理后的组织为回火索氏体，其中渗碳体呈颗粒状，不仅强度、硬度比正火钢高，而且塑性和韧性也远高于正火钢。因此，一些重要零件一般都用调质处理而不采用正火。表 5-6 为调质钢和正火钢性能比较。

表 5-6　45 钢经调质与正火后的性能比较

	σ_b/MPa	δ（%）	a_K/（J/cm^2）	HBW
正火	700～800	15～20	50～80	162～220
调质	750～850	20～25	80～120	210～250

第六节　表面热处理与化学热处理

在机械设备中，许多零件如齿轮、曲轴、活塞销等是在弯曲、扭转等循环载荷、冲击载荷及摩擦条件下工作的。这类零件表面必须具有高硬度和耐磨性，而心部要有足够的塑性和韧性。为了满足这样的性能要求，就需要进行表面热处理或化学热处理。

一、表面热处理

表面热处理是仅对工件表面进行热处理以改善表层的组织和性能的热处理工艺。生产中常采用感应淬火和火焰淬火。

1. 感应淬火

感应淬火是利用感应电流通过工件所产生的热量，使工件表面、局部或整体加热，并进行快速冷却的淬火工艺。

(1) 感应淬火的原理　如图 5-23 所示，把工件放在铜管绕成的感应器中，当感应器中通入一定频率的交流电时，在感应器内部或周围便产生交变磁场，在工件内部就会产生相同频率、相反方向的感应电流，这种电流在工件内部自成回路，称为涡流。由于涡流在工件内部分布是不均匀的，表面电流密度大，心部电流密度小。通入感应器中的电流频率越高，涡流就越集中于工件表面，这种现象称为集肤效应。利用感应电流所产生的热效应，可使工件表层迅速加热到淬火温度，随即迅速冷却，就可达到表面淬火的目的。

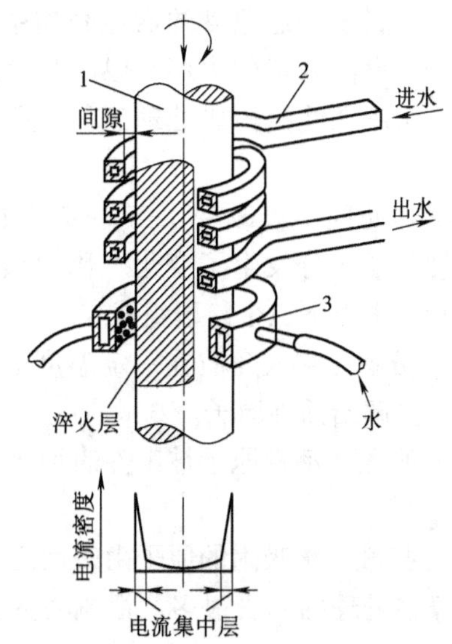

图 5-23　感应加热表面淬火示意图

1—工件　2—加热感应圈（接高频电源）　3—淬火喷水套

(2) 感应淬火特点　加热速度极快，加热时间短（几秒到几十秒）；感应淬火件晶粒细，硬度高（比普通淬火高 2～3HRC），且淬火质量好；淬硬层深度易于控制，通过控制交流电频率来控制淬硬层深度；生产效率高，易实现机械化和自动化，适于大批量生产。

感应淬火一般用于中碳钢（40、45 钢）和中碳合金钢（40Cr、40MnB 钢）制作的齿轮、轴、销等零件，也可用于高碳工具钢及铸铁件。

根据电流频率可将感应淬火分为低频感应淬火、中频感应淬火和高频感应淬火三种。淬硬层深度主要取决于通入感应器中交流电的频率，为了满足不同淬硬层深度，可采用不同交流电频率。电流频率与淬硬层深度的关系见表 5-7。

表 5-7　感应加热表面淬火的电流频率与淬硬层深度

类别	频率范围	淬硬层深度/mm	应用举例
高频感应淬火	200～300kHz	0.5～2	在摩擦条件下工作的零件，如小齿轮、小轴等
中频感应淬火	1～10kHz	2～8	承受扭矩、压力载荷的零件，如曲轴、大齿轮、主轴等
工频感应淬火	50Hz	10～15	承受扭矩、压力载荷的大型零件，如冷轧辊等

2. 火焰淬火

应用可燃气体（如氧乙炔火焰）对工件表面进行加热，随即快速冷却的淬火工艺，称为火焰淬火，如图 5-24 所示。

火焰淬火无需特殊设备，操作简单，淬硬层深度一般为 2～6mm，但加热温度和淬硬层深度不易控制，淬火质量不稳定，一般适用于单件、小批量生产，主要用于中碳钢、中碳合金钢及铸铁制成的大型工件，如大型轴类、大模数齿轮、轧辊等的表面淬火。

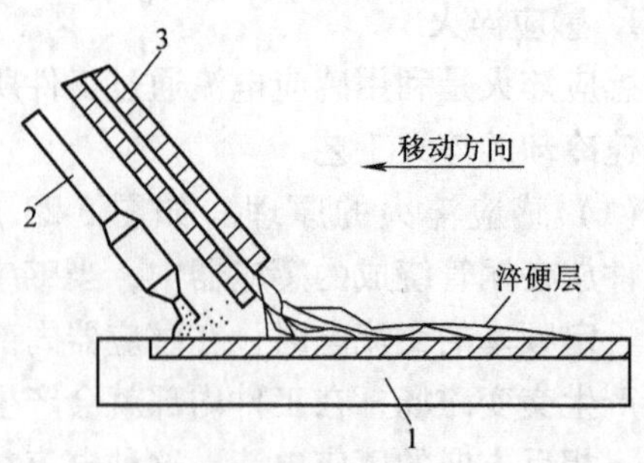

图 5-24　火焰淬火示意图

1—工件　2—烧嘴　3—喷水管

二、化学热处理

将工件置于一定温度的活性介质中，使一种或几种元素渗入工件表层，以改变表层的化学成分、组织和性能的热处理工艺，称为化学热处理。

化学热处理不仅改变了工件表层的组织，同时也使化学成分发生了变化。化学热处理的基本过程是由以下三个阶段组成：

（1）分解　渗入介质在一定温度下发生化学反应，分解出活性原子。

（2）吸收　活性原子被工件表面吸附，并溶入工件材料晶格中或与其中元素形成化合物。

（3）扩散　被吸附的原子由表面逐渐向心部扩散，形成一定深度的渗层。

化学热处理的方法很多，根据渗入元素不同，生产上常用的有渗碳、渗氮、碳氮共渗等。

1. 渗碳

（1）渗碳的概念及目的　渗碳是将工件置于渗碳介质中加热并保温，使碳原子渗入工件表层的化学热处理工艺。渗碳的目的是提高工件表层的碳的质量分数，并形成一定浓度梯度的渗碳层，经淬火、低温回火后，提高工件表层的硬度和耐磨性，心部保持一定的强度和良好的韧性。

（2）渗碳工艺　根据渗碳剂的物理状态不同，渗碳可分为气体渗碳、液体渗碳和固体渗碳三种。气体渗碳应用最广泛。

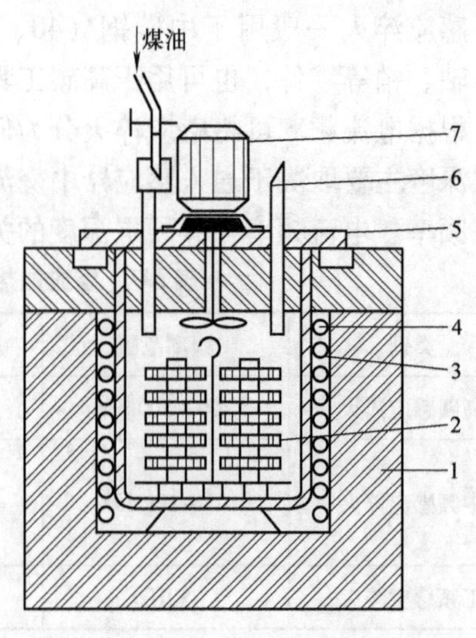

图 5-25　气体渗碳示意图

1—炉体　2—工件　3—耐热罐　4—电阻丝

5—炉盖　6—废气火焰　7—风扇电动机

气体渗碳是将工件置于密封的加热炉中，加热到 900 ~ 950℃，使钢奥氏体化，向炉内滴入渗碳剂（如煤油、甲醇、天然气等），渗碳剂在高温下分解出活性碳原子，其反应式如下

$$2CO \longrightarrow [C] + CO_2$$

$$CH_4 \longrightarrow [C] + 2H_2$$

活性碳原子溶入钢表面奥氏体中，并向内部扩散，最后形成一定深度的渗碳层，如图 5-25 所示。气体渗碳的渗碳层深度主要取决于保温时间，一般按 0.2 ~ 0.25mm/h 的速度进行估算。

（3）渗碳用钢及渗碳后的热处理

渗碳用钢一般采用碳的质量分数为 0.1% ~

0.25%的低碳钢和低碳合金钢，渗碳后工件表层碳的质量分数可达0.85%～1.0%，且从表层到心部碳的质量分数逐渐减小，心部保持原来低碳钢的碳的质量分数。在缓慢冷却条件下，渗碳层组织由表面到心部依次为：过共析钢、共析钢、亚共析钢，中心组织为原来组织，如图5-26所示。

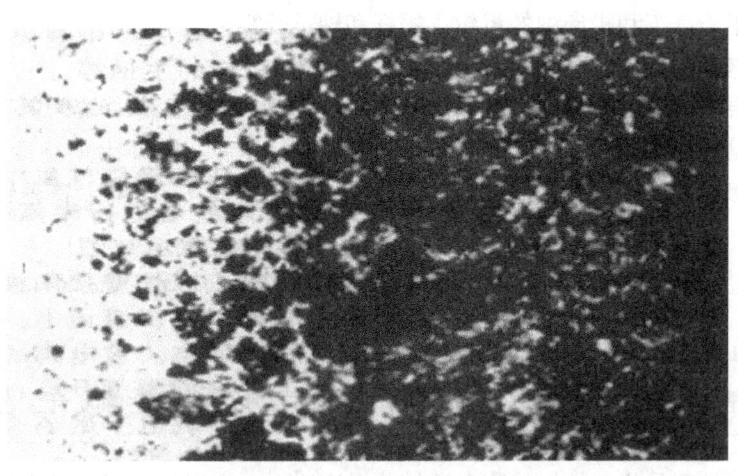

图5-26　低碳钢渗碳并缓冷后的渗碳层组织

渗碳后必须进行淬火、低温回火的热处理，这样才能使工件表面具有回火马氏体和碳化物组织，表层硬度可达58～64HRC，心部为铁素体和珠光体，具有较高的韧性和一定的强度。渗碳主要用于表面高硬度、耐磨性，心部良好的塑性和韧性的零件，如齿轮、活塞销等。

2. 渗氮

渗氮是在一定温度下，使活性氮原子渗入工件表面的化学热处理工艺。渗氮的目的是提高工件表面的硬度、耐磨性、耐蚀性和疲劳强度。

（1）渗氮工艺　生产上常采用气体渗氮。将工件置于渗氮炉中加热，加热到550～570℃，向炉内通入气体渗氮剂（氨气），氨气发生分解，产生活性氮原子，其反应式如下

$$2NH_3 \longrightarrow 3H_2 + 2[N]$$

渗氮用钢是含有Al、Cr、Mo等合金元素的钢，活性氮原子被工件表面吸附，与钢表面合金元素Al、Cr、Mo形成氮化物，通过扩散形成一定深度的渗氮层。一般渗氮层深度为0.4～0.6mm，渗氮时间一般为40～70h。

（2）渗氮特点　渗氮层具有很高的硬度（65～72HRC）和耐磨性，且可维持到560～600℃；渗氮温度低，渗氮后无需进行其他热处理，工件变形小；渗氮后具有良好的耐蚀性，主要在工件表面形成氮化物，可以防止水、蒸汽、碱性溶液的腐蚀。

（3）渗氮用钢　渗氮用钢一般采用碳的质量分数为0.15%～0.45%的合金结构钢，如38CrMoAl。渗氮主要用于要求耐磨性高和高精度的零件，如精密机床主轴、镗床镗杆、内燃机曲轴、高精密齿轮等。

3. 碳氮共渗

在奥氏体状态下，同时将碳、氮渗入工件表层，并以渗碳为主的化学热处理工艺称为碳氮共渗。常用气体碳氮共渗。

气体碳氮共渗的温度为820～870℃，共渗层表面碳的质量分数为0.7%～1.0%，氮的质量分数为0.15%～0.55%，经淬火、低温回火后，使渗层的力学性能兼有渗碳和渗氮的优点，既具有较高的硬度、耐磨性、耐蚀性和疲劳强度，且生产周期短，工件变形小。气体碳氮共渗广泛用于汽车和机床中的齿轮、蜗杆和轴类等零件。

4. 氮碳共渗（软氮化）

在工件表层同时渗入氮和碳，并以渗氮为主的化学热处理工艺，称为氮碳共渗，也称软氮化。其特点是加热温度低（560℃左右），保温3～4h后，随即出炉空冷，生产周期短，工件变形小，渗层硬度虽比渗氮低，但韧性好。一般用于模具、量具及高速钢刀具等。

第七节　热处理新工艺简介

一、形变热处理

形变热处理是将塑性变形和热处理结合，以提高工件力学性能的复合工艺。形变热处理可分为高温形变热处理和低温形变热处理两种。

高温形变热处理是将工件加热到奥氏体化温度以上，保温后进行塑性变形，然后立即进行淬火、回火的综合工艺方法。高温形变热处理不仅能提高材料的强度和硬度，还能显著提高韧性。这种工艺主要用于加工余量较小的锻件或轧制件，如利用锻造余热淬火工艺来处理曲轴、连杆等零件，在提高力学性能的同时，还可以简化工艺，降低成本。

低温形变热处理是将工件加热到奥氏体化温度以上，保温后迅速冷却到500～600℃范围内进行塑性变形，随后进行淬火、回火的综合工艺方法。低温形变热处理是在保证塑性、韧性不降低的条件下，提高零件的强度和耐磨性。这种工艺变形温度低，变形速度快，主要用于要求强度极高的零件，如高速钢刀具、模具等。

二、激光热处理

激光热处理是利用激光束的高能量快速加热工件表面，然后依靠工件表面的导热性冷却使其淬火强化的热处理工艺。激光热处理的特点是加热速度快，不用淬火介质；可对各种形状复杂零件的局部进行表面淬火，可控性好；能显著提高工件表面的硬度和耐磨性；激光淬火后工件几乎无变形，表面质量好，易实现自动化，但成本较高，安全性较低。

三、可控气氛热处理

可控气氛热处理是为达到无氧化、无脱碳，按要求增碳的目的，在成分可以控制的炉中进行加热和冷却的热处理工艺。其目的是减少和防止工件发生氧化、脱碳现象，提高工件的表面质量和尺寸精度，节约材料，控制渗碳时渗碳层的碳浓度，还可以使脱碳工件重新复碳。

可控气氛热处理设备一般由可控气氛发生器和热处理炉两部分组成。目前应用较多的是吸热式气氛、放热式气氛和滴注式气氛等。

四、真空热处理

真空热处理是将工件置于一定真空度的加热炉中，可实现无氧化的热处理工艺。真空炉中的真空度一般为1.3～0.013Pa。采用真空热处理无氧化、脱碳现象，工件表面质量好，加热速度缓慢且均匀，工件变形小，另外还可以节约能源，减少污染，劳动条件好。目前真空热处理多用于工模具、精密零件的热处理。

五、电子束淬火

电子束淬火是利用电子束为热源对工件表面进行快速加热，然后依靠工件自身的导热性冷却的淬火工艺。电子束的能量远高于激光，且表面淬火质量好，淬火过程中工件基体性能基本不受影响，是一种高效率的热处理工艺。

第八节　热处理工艺的应用

在机械制造过程中，大多数零件或工具都需要进行热处理，通过热处理可以改善零件或工具的使用性能。因此，合理选用金属材料，正确运用热处理方法，妥善安排加工工艺路线，对于保证质量，满足使用要求是非常重要的。

一、热处理的技术条件

1. 热处理的技术条件的概念

工件在热处理后的组织、所能达到的力学性能、精度和工艺性能要求，统称为热处理的技术条件。热处理方法的名称和应达到的力学性能指标，应在零件或工具的图样上标出。对于一般零件或工具，仅标出硬度值即可，对于重要零件或工具，还应标出强度、塑性和韧性指标以及热处理后的显微组织要求。对于化学热处理零件，应标出硬度值、预渗部位和渗层深度。

2. 热处理技术条件的标注

标注热处理技术条件时，可以采用国家标准（GB/T12603—1990）规定的《金属热处理工艺分类及代号》，并用文字在图样标题栏上方简要说明。

热处理工艺代号由基础分类工艺代号和附加分类工艺代号组成。在基础分类工艺代号中，包括工艺类型、工艺名称和加热方法三部分，见表5-8；附加分类是对基础分类中某些工艺的具体条件进一步细化分类，包括加热介质、退火工艺方法、淬火介质或冷却方法、渗碳和碳氮共渗的后续冷却工艺的，见表5-9～表5-12。

热处理工艺代号的标注方法如图5-27所示。

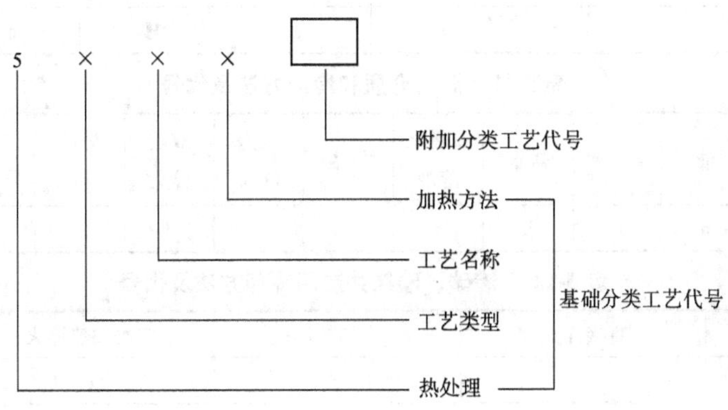

图5-27　热处理工艺代号

表 5-8 热处理工艺分类及代号

工艺总称	代号	工艺类别	代号	工艺名称	代号	加热方法	代号
热处理	5	整体热处理	1	退火	1	加热炉	1
				正火	2		
				淬火	3		
				淬火和回火	4		
				调质	5	感应	2
				稳定化处理	6		
				固溶处理、水韧处理	7		
				固溶处理和时效	8	火焰	3
		表面热处理	2	表面淬火和回火	1		
				物理气相沉积	2	电阻	4
				化学气相沉积	3		
				等离子体化学气相沉积	4	激光	5
		化学热处理	3	渗碳	1		
				碳氮共渗	2	电子束	6
				渗氮	3		
				氮碳共渗	4	等离子体	7
				渗其他非金属	5		
				渗金属	6	其他	8
				多元共渗	7		
				熔渗	8		

表 5-9 加热介质及代号

加热介质	固体	液体	气体	真空	保护气氛	可控气氛	流态床
代号	S	L	G	V	P	C	F

表 5-10 退火工艺及代号

退火工艺	去应力退火	扩散退火	再结晶退火	石墨化退火	去氢退火	球化退火	等温退火
代号	E	d	r	g	H	s	n

表 5-11 淬火介质和冷却方法及代号

冷却介质和方法	空气	油	水	盐水	有机水溶液	盐浴	压力淬火	双液淬火	分级淬火	等温淬火	形变淬火	冷处理
代号	A	o	w	b	y	s	p	d	m	n	f	z

表 5-12 渗碳、碳氮共渗后冷却方法及代号

冷却方法	直接淬火	一次加热淬火	二次加热淬火	表面淬火
代号	g	r	t	h

例如，5154 表示采用电阻加热方式对工件进行的整体调质处理；5213 表示对工件进行火焰加热表面淬火和回火。

二、热处理的工序位置

在制订零件或工具的加工工艺路线时，合理安排热处理的工序位置，对于改善可加工性，保证零件或工具的质量，满足使用性能具有重要意义。根据热处理的目的和工序位置不同，热处理可分为预备热处理和最终热处理两大类。

1. 预备热处理

预备热处理包括退火、正火和调质处理等。退火、正火通常安排在零件或工具的毛坯生产之后，切削加工之前。其目的是消除残留应力，细化晶粒和组织，改善可加工性，为最终热处理做组织准备。调质处理一般安排在粗加工之后，半精加工或精加工之前。目的是获得良好的综合力学性能，为最终热处理做准备。粗加工之前一般不进行调质处理，以免粗加工将表面调质层切除而失去调质处理的作用。对于使用性能要求不高的零件，退火、正火、调质也可以作为最终热处理。

2. 最终热处理

最终热处理包括淬火、回火、表面热处理和化学热处理等。其目的是使零件或工具获得使用性能。因为最终热处理后硬度较高，除磨削外，一般不进行其他形式的切削加工，故最终热处理一般安排在半精加工或精加工之后。

三、典型零件的热处理工序分析

以普通车床变速箱主轴为例，如图 5-28 所示。

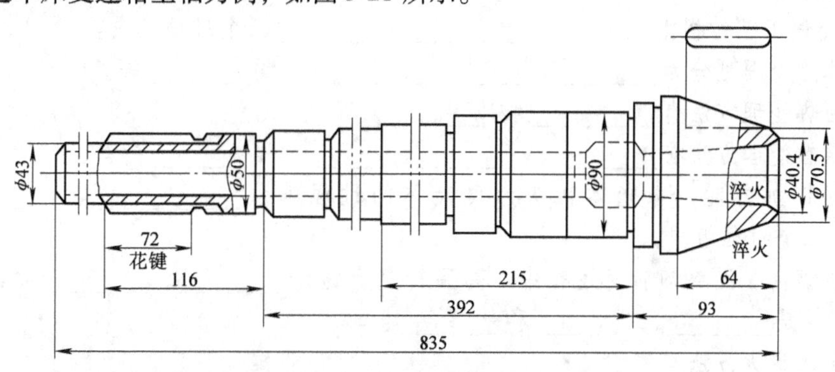

图 5-28　车床主轴示意图

1. 热处理技术条件

根据对主轴结构和工作条件分析，确定该轴选用 45 钢制造。热处理技术条件如下：

1）5151，220 ~ 250HBW，组织为回火索氏体。

2）内锥孔和外圆锥面，5141L，45 ~ 48HRC，组织为回火托氏体和少量回火马氏体。

3）花键部位，5212，48 ~ 52HRC，组织为回火托氏体和回火马氏体。

2. 加工工艺路线

下料→锻造→正火→粗加工→调质→半精加工→内锥孔及外圆锥面的局部淬火、低温回火→粗磨（外圆、内锥孔、外圆锥面）→铣花键→花键感应淬火、低温回火→精磨

3. 热处理目的

（1）正火　消除毛坯应力，改善可加工性，为调质做组织准备。

（2）调质处理　获得良好的综合力学性能，调质后达到 220 ~ 250HBW。

（3）内锥孔、外圆锥面局部盐浴淬火、低温回火　获得较高的表面硬度，达到 45 ~

48HRC。

(4) 花键部分高频感应淬火、低温回火　获得表面硬度48～52HRC。

为了减小变形，圆锥部分淬火与花键淬火分开进行。圆锥淬火及低温回火后，用粗磨纠正淬火变形，然后再进行花键部分的加工和表面热处理，最后用精磨来消除总变形，从而保证主轴的装配质量。

本章小结

本章主要介绍了热处理原理，常用的热处理工艺方法及应用。在学习过程中，在理解热处理原理的基础上，熟悉生产上常用热处理工艺方法的目的、工艺范围及应用，并能运用所学知识，在制订零件的加工工艺路线时，合理安排热处理工序位置及热处理工艺方法，为今后的生产实习及生产加工打下良好的基础。

复习思考题

一、名词解释

1. 钢的热处理　2. 等温冷却转变　3. 连续冷却转变　4. 马氏体　5. 退火　6. 正火　7. 淬火　8. 回火　9. 淬透性　10. 淬硬性　11. 表面热处理　12. 化学热处理

二、填空题

1. 热处理工艺过程由________、________和________三个过程组成。

2. 整体热处理可分为________、________、________和________等。

3. 表面热处理方法有________和________等。

4. 化学热处理方法有________、________、________和________等。

5. 共析钢加热时，珠光体转变为奥氏体的过程是由________、________和________三个过程组成。

6. 共析钢在等温冷却转变过程中，高温转变产物为________、________和________。相对应的符号是________、________和________。

7. 常用的退火方法有________、________、________和________。

8. 工厂中常用的淬火方法有________、________、________和________等。

9. 生产上常用的淬火介质有________、________、________、________及________等。

10. 常见的淬火缺陷是________、________、________和________。

11. 根据回火温度范围不同，回火方法可分为________、________和________三种。回火后得到的组织分别为________、________和________。

12. 感应淬火，按电流频率不同，可分为________、________和________。通入电流频率越高，淬硬层越________。

13. 化学热处理是通过________、________和________三个基本过程完成的。

14. 工件在热处理后的________，所达到的________、________和________，统称为热处理的技术条件。

三、选择题（将正确答案的序号填在横线上）

1. 过冷奥氏体是在________温度以下存在的奥氏体。

A. Ms　　B. Mf　　C. A_1

2. 过共析钢适宜的淬火加热温度范围是________。

A. Ac_1 以上 30～50℃　　B. Ac_3 以上 30～50℃

C. Ac_{cm} 以上 30～50℃

3. 共析钢奥氏体过冷到 350℃时等温将得到________。

A. 托氏体　　B. 贝氏体　　C. 马氏体

4. 在规定条件下，钢在淬火冷却时获得马氏体组织深度的能力，称为________。

A. 淬硬性　　B. 淬透性　　C. 耐磨性

5. 调质处理是________的热处理。

A. 淬火＋低温回火　　B. 淬火＋中温回火

C. 淬火＋高温回火

6. 调质处理后的组织是________。

A. 回火马氏体　　B. 回火索氏体　　C. 回火托氏体

7. 渗碳处理后应进行________热处理。

A. 淬火＋中温回火　　B. 淬火＋低温回火

C. 去应力退火

8. 淬火钢回火后的硬度值主要取决于________。

A. 回火加热速度　　B. 回火冷却速度　　C. 回火温度

9. 马氏体的硬度主要取决于________。

A. 淬火加热温度　　B. 马氏体中碳的质量分数　　C. 淬火冷却速度

四、问答题

1. 说明奥氏体、过冷奥氏体、残留奥氏体的区别。

2. 共析钢加热奥氏体化后，经炉冷、空冷、油冷及水冷后的组织和性能各是什么？

3. 什么是钢的临界冷却速度？其影响因素是什么？

4. 退火的目的是什么？

5. 正火与退火有何区别？正火的适用范围有哪些？

6. 淬火的目的是什么？淬火加热温度如何选择？为什么？

7. 淬透性与淬硬性有何区别？影响因素各是什么？

8. 淬火钢为什么要进行回火？

9. 常用的回火工艺有哪几种？简述各自的性能和用途。

10. 何谓调质处理？试比较调质与正火后，在组织和性能上的区别。

11. 渗碳的目的是什么？渗碳后需进行什么热处理？

12. 渗氮的目的是什么？渗氮与渗碳比较有何特点？

13. 热处理的技术条件如何标注？

14. 试举例说明各种热处理工序位置如何安排？

第六章　碳素钢与合金钢

学习目标　熟悉钢的分类，了解常存元素及合金元素对钢性能的影响，掌握结构钢、工具钢、铸钢的牌号、性能及应用。重点是典型钢的牌号、成分、性能、热处理及应用。难点是合金元素在钢中的作用。

钢是以铁、碳为主要元素的合金，其碳的质量分数小于2.11%。按化学成分可以分为碳素钢和合金钢两大类。碳素钢是指除铁、碳外，还含有硫、磷、硅、锰等常存杂质元素的钢。碳素钢冶炼容易，价格低廉，并具有一定的力学性能和工艺性能，在工业生产中应用广泛。但随着科学技术的不断进步，对钢材的性能要求越来越高，而碳素钢已不能满足日益发展的生产需要，于是便出现了合金钢。合金钢是在碳素钢的基础上，为了改善和提高钢的性能，冶炼时有目的加入一种或几种合金元素的钢。钢中的合金元素主要有硅（Si）、锰（Mn）、铬（Cr）、镍（Ni）、钨（W）、钼（Mo）、钒（V）、钛（Ti）、铌（Nb）、钴（Co）、铝（Al）、硼（B）及稀土元素（RE）等。

第一节　钢的分类与牌号

一、钢的分类

1. 按化学成分分类

（1）碳素钢
- 低碳钢　$w_C \leqslant 0.25\%$
- 中碳钢　$0.25\% < w_C < 0.6\%$
- 高碳钢　$w_C \geqslant 0.6\%$

（2）合金钢
- 低合金钢　$w_{Me} \leqslant 5\%$
- 中合金钢 $5\% < w_{Me} < 10\%$
- 高合金钢　$w_{Me} \geqslant 10\%$

2. 按质量分类

根据钢中有害杂质硫、磷的质量分数大小可分为以下几类：

（1）普通钢 $w_S \leqslant 0.050\%$，$w_P \leqslant 0.045\%$

（2）优质钢 $w_S \leqslant 0.035\%$，$w_P \leqslant 0.035\%$

（3）高级优质钢 $w_S \leqslant 0.030\%$，$w_P \leqslant 0.030\%$

（4）特级优质钢 $w_S \leqslant 0.025\%$，$w_P \leqslant 0.025\%$

3. 按用途分类

（1）结构钢　指主要用于制造工程结构件和机械零件的钢，一般为低、中碳钢。

（2）工具钢　指主要用于制造各种刃具、模具和量具的钢，一般为高碳钢，且都是优质钢或高级优质钢。

（3）特殊性能钢　是指具有某些物理、化学性能的钢，如不锈钢、耐热钢、耐磨钢等。

4. 按冶炼时脱氧程度分类

（1）沸腾钢　是指脱氧程度不完全，浇注时钢液处于沸腾状态的钢。其组织不致密，力学性能较低。

（2）镇静钢　是指脱氧程度完全，浇注时钢液处于镇静状态的钢。其组织致密，力学性能较高。

（3）半镇静钢　是指脱氧程度介于沸腾钢和镇静钢之间的钢，生产过程较难，应用不广泛。

（4）特殊镇静钢　是指用特殊脱氧工艺冶炼的脱氧完全的钢，其脱氧程度、质量及性能比镇静钢高。

二、钢的牌号

钢的牌号采用汉语拼音字母、化学元素符号及阿拉伯数字相结合的方法来表示。

1. 碳素结构钢

碳素结构钢的牌号由屈服点“屈”字汉语拼音字首“Q”、屈服点数值、质量等级符号和脱氧符号组成。其中质量等级有 A、B、C、D 四个等级，A 级质量较低，D 级质量较高；沸腾钢、镇静钢、半镇静钢、特级镇静钢分别用 F、Z、b、TZ 表示，Z、TZ 通常不标注。例如 Q235—AF 表示屈服点为 235MPa、A 级质量的碳素结构钢，且属于沸腾钢。

2. 优质碳素结构钢

优质碳素结构钢的牌号由两位数字表示。两位数字表示碳的平均质量分数的万分之几，例如 45 表示碳的平均质量分数为 0.45% 的优质碳素结构钢。如果锰的质量分数较大（$w_{Mn}=0.7\%\sim1.2\%$）时，则在两位数字后面加锰的元素符号“Mn”，例如 65Mn。如果是沸腾钢，则在两位数字后面加沸腾钢符号“F”，例如 08 F。如果是专用钢，则在钢号尾部加用途符号，例如锅炉用钢 20g。

3. 碳素工具钢

碳素工具钢的牌号由“碳”字汉语拼音字首“T”加数字组成。数字表示碳的平均质量分数的千分之几，例如 T8 表示碳的质量分数为 0.8% 的碳素工具钢。如果是高级优质钢，则在钢号尾部加符号 A，例如 T8A。

4. 铸造碳钢

铸造碳钢的牌号由“铸”、“钢”两字汉语拼音字首“ZG”加两组数字组成。两组数字依次表示最小屈服点和最小抗拉强度，例如 ZG200-400 表示最小屈服点为 200MPa，最小抗拉强度为 400MPa 的铸造碳钢。

5. 低合金高强度结构钢

低合金高强度结构钢的牌号与碳素结构钢的牌号表示方法相同，但强度比碳素结构钢高，例如 Q390A 表示屈服点为 390MPa，A 级质量的低合金高强度结构钢。

6. 合金结构钢

合金结构钢的牌号由两位数字、元素符号和数字组成。两位数字表示碳的平均质量分数的万分之几，元素符号表示钢中所加入的合金元素，元素符号后面的数字表示该元素平均质量分数的百分之几。合金元素的平均质量分数 <1.5% 时，不标数字，只标元素符号。当合金元素平均质量分数为 1.5%～2.5%、2.5%～3.5%、3.5%～4.5%，…时，则在合金元素

后面分别用2、3、4、…表示。例如40Cr表示碳的平均质量分数为0.4%，铬的平均质量分数<1.5%的合金结构钢。如果是高级优质钢，则在钢号的尾部加符号A，例如38CrMoAlA。

7. 滚动轴承钢

滚动轴承钢的牌号用“滚”字汉语拼音字首G、元素符号Cr和数字表示。数字表示钢中铬（Cr）的平均质量分数的千分之几。例如GCr15表示铬的平均质量分数为1.5%的滚动轴承钢。滚动轴承钢都是高级优质钢，所以钢号后面不再加符号A。

8. 合金工具钢

合金工具钢的牌号由一位数字、元素符号和数字组成。前面一位数字表示碳的平均质量分数的千分之几，当碳的平均质量分数≥1.0%时不标注。后面两部分与合金结构钢相同，例如9SiCr表示碳的平均质量分数为0.9%，硅、铬的平均质量分数均小于1.5%的合金工具钢。

对于高速工具钢，不标注碳的质量分数，例如W18Cr4V。

合金工具钢和高速工具钢都是高级优质钢，所以都不标符号A。

9. 不锈钢、耐热钢和耐磨钢

不锈钢和耐热钢的牌号表示方法与合金工具钢基本相同，只是当碳的平均质量分数≤0.08%及0.03%时，在牌号前分别加“0”及“00”。例如0Cr25Ni20，00Cr30Mo2。

耐磨钢由“铸钢”二字的汉语拼音字首ZG、锰的元素符号“Mn”、锰的平均质量分数的百分之几加顺序号组成，例如ZGMn13-2。

第二节　常存元素对钢性能的影响

钢中的常存杂质元素主要有硫、磷、硅、锰等。锰、硅主要来源于炼钢原料（生铁）和脱氧剂，而硫、磷主要来源于炼钢原料。这些杂质元素的存在必然对钢的组织和性能产生一定的影响。

一、硫

硫在钢中主要以FeS的形式存在，FeS与Fe能形成低熔点（985℃）的共晶体（Fe+FeS），且分布在奥氏体晶界上，当钢材在1000～1200℃进行热加工时，由于晶界上的共晶体熔化，使钢材在热加工过程中沿晶界开裂，这种现象称为热脆。因此，硫是钢中有害杂质元素，必须严格控制钢中硫的含量，一般硫的质量分数小于0.050%。

二、磷

一般情况下，磷溶于铁素体中，形成固溶体，提高钢的强度和硬度，但形成的脆性化合物Fe_3P会使钢在室温下的塑性和韧性显著降低，这种现象称为冷脆。因此，磷也是钢中有害杂质元素，必须严格控制其含量。

然而，在易切削钢中，可以适当地提高硫、磷的含量，增加钢的脆性，有利于在切削过程中断屑，改善切削加工性能，从而提高切削效率和延长刀具的使用寿命。

三、硅

硅能溶于铁素体，提高钢的强度、硬度和弹性。另外硅还有较强的脱氧能力，改善钢的质量。所以硅是钢中有益杂质元素，作为杂质元素，钢中硅的质量分数一般不超过0.5%。

四、锰

锰有良好的脱氧能力，改善钢的质量。锰大部分溶于铁素体中，提高钢的强度和硬度。另外锰与硫的亲合能力比铁强，可形成硫化锰（MnS），其熔点较高（1620℃）可以减轻硫对钢的不利影响。因此，锰也是钢中有益杂质元素，作为杂质元素，钢中锰的质量分数一般小于0.8%，最高可达1.2%。

此外，在炼钢过程中，会形成一些非金属夹杂物，如氧化物、硫化物、氮化物等。它们会降低钢的性能，尤其降低钢的塑性、韧性和疲劳极限，严重时会使钢在热加工与热处理过程中产生裂纹，或使用时突然断裂；还会使钢在热加工过程中形成流线或带状组织，造成钢材性能具有明显的方向性。因此对于重要用途的钢，如弹簧钢、滚动轴承钢等需检查非金属夹杂物的数量、大小、形状及分布情况。另外，钢在冶炼过程中，还会吸入一些气体，如氧、氢、氮等，这些气体也会对钢的性能产生一定的影响。

第三节　合金元素在钢中的作用

合金元素的存在对钢的组织和性能有很大的影响，通过合金化，可以改善和提高钢的性能，其主要作用表现在以下几个方面：

一、形成合金铁素体，提高强度和硬度，降低塑性和韧性

大多数合金元素都能溶于铁素体中，形成合金铁素体，引起铁素体的晶格畸变，产生固溶强化，从而使铁素体的强度、硬度提高，如图6-1所示。而合金元素的含量超过一定数值时，铁素体的塑性、韧性会显著下降，如图6-2所示。

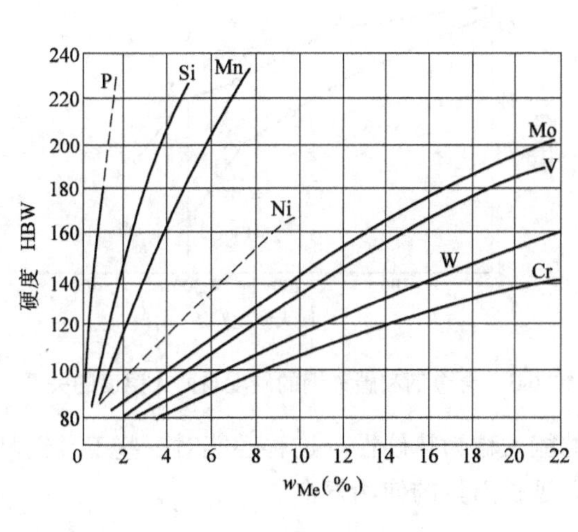

图6-1　合金元素对铁素体硬度的影响

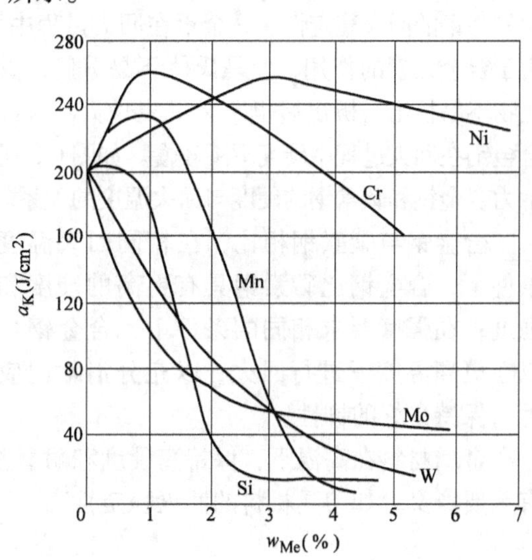

图6-2　合金元素对铁素体韧性的影响

二、形成合金碳化物，提高硬度和耐磨性

钢中合金碳化物主要有合金渗碳体和特殊碳化物两种。

（1）合金渗碳体　合金渗碳体是合金元素溶于渗碳体中所形成的碳化物，它们具有渗碳体的复杂晶格结构。一般弱碳化物形成元素（Mn）及中强碳化物形成元素（Cr、Mo、

W）倾向于形成合金渗碳体，如（Fe、Mn)$_3$C、（Fe、Cr)$_3$C、（Fe、Mo)$_3$C、（Fe、W)$_3$C等。合金渗碳体的稳定性及硬度比渗碳体高，是一般低合金钢中碳化物的主要存在形式。

（2）特殊碳化物　一般强碳化物形成元素（W、V、Ti）与碳形成特殊碳化物，如WC、VC、TiC等。特殊碳化物与渗碳体的晶格完全不同，具有比渗碳体更高的熔点、硬度和耐磨性，并且更稳定，不易分解。

三、细化晶粒

合金元素（除Mn外）都能在钢加热过程中阻止奥氏体晶粒的长大，达到细化晶粒的目的。尤其强碳化物形成元素Nb、V、Ti等形成的碳化物，均能强烈阻碍奥氏体晶粒的长大，使钢在加热后获得比碳素钢更细的晶粒。

四、提高钢的淬透性

合金元素（除Co外）溶入奥氏体后，能增加过冷奥氏体的稳定性，使等温转变图向右移，降低了钢的临界冷却速度，从而提高了钢的淬透性。多种合金元素同时加入，对提高淬透性的作用更明显。

合金钢的淬透性比碳素钢好。在获得同样淬硬层深度的情况下，合金钢可以采用冷却能力较弱的淬火介质，以减小形状复杂零件在淬火时的变形和开裂。另外，在淬火条件相同的情况下，合金钢可以获得较深的淬硬层，能使大截面的零件获得均匀一致的组织，从而获得良好的力学性能。

常用的提高淬透性的合金元素有Mo、Mn、Cr、Ni、B等。

五、提高钢的回火稳定性

淬火钢在回火过程中，抵抗硬度软化的能力称为钢的回火稳定性。合金钢在回火过程中，由于合金元素的作用，使马氏体不易分解，碳化物不易析出，析出后也不易聚集长大，所以合金钢在回火过程中硬度下降较慢。如图6-3所示为合金钢和碳素钢的硬度与回火温度的关系。

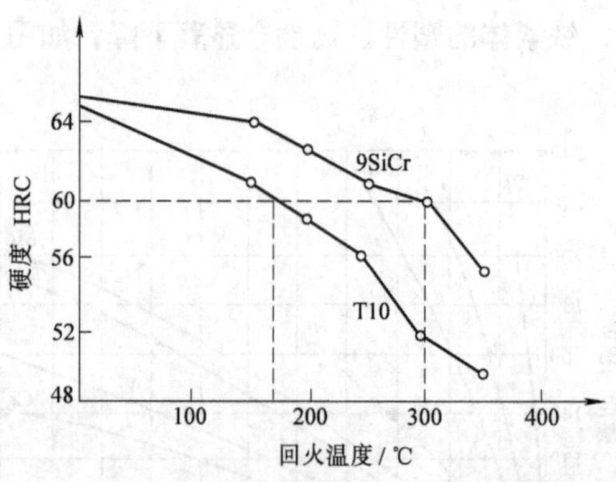

图6-3　合金钢和碳素钢的硬度与回火温度的关系

合金钢与碳素钢相比，在相同回火温度条件下，合金钢比碳素钢具有更高的硬度和强度；在强度要求相同的条件下，合金钢可以在更高温度下进行回火，以充分消除内应力，保持良好的韧性。

金属材料在高温下，保持高硬度和耐磨性的能力称为热硬性。这种性能对一些工具钢具有重要意义，如刀具材料的回火稳定性高，可以延长刀具的使用寿命。

第四节　结　构　钢

在工业生产中，结构钢可分为工程结构用钢和机械零件用钢两大类。工程结构用钢主要用于各种工程结构件和建筑结构件，大多数采用碳素结构钢和低合金高强度结构钢，使用时一般不需要进行热处理；机械零件用钢，主要用于制造各种机械零件，多数采用优质或高级优质结构钢，使用时一般都需要进行热处理，以满足使用性能要求。

一、工程结构用钢

1. 碳素结构钢

碳素结构钢中的杂质和非金属夹杂物较多，但由于冶炼容易，价格低廉，能满足一般工程结构件和普通机械零件的性能要求，因而应用普遍。碳素结构钢通常轧制成钢板或各种型材供应使用，主要用于厂房、桥梁、船舶等建筑结构或一些受力不大的机械零件。碳素结构钢的牌号、力学性能及应用举例见表6-1。

表6-1　碳素结构钢的牌号、力学性能及应用举例

<table>
<tr><th>牌号</th><th>质量等级</th><th>脱氧方法</th><th>σ_s/MPa</th><th>σ_b/MPa</th><th>δ_5（%）</th><th>特点及应用举例</th></tr>
<tr><td>Q195</td><td>—</td><td rowspan="2">F、b、Z</td><td>195</td><td>315～430</td><td>33</td><td rowspan="4">具有较好的塑性、韧性和焊接性能，强度不高。用于制造受力不大的零件，如螺栓、螺母、犁铧、铆钉、吊钩、垫圈等，也可用于冲压件、焊接件及建筑结构件等</td></tr>
<tr><td>Q215</td><td>A、B</td><td>215</td><td>335～450</td><td>31</td></tr>
<tr><td>Q235</td><td>A、B</td><td>F、b、Z</td><td rowspan="2">235</td><td rowspan="2">375～500</td><td rowspan="2">26</td></tr>
<tr><td>Q255</td><td>C、D</td><td>Z、TZ</td></tr>
<tr><td rowspan="2">Q275</td><td>A、B</td><td rowspan="2">Z</td><td>255</td><td>410～550</td><td>24</td><td rowspan="2">具有较高的强度，良好的塑性、韧性和焊接性能。用于制造中等载荷作用的零件，如螺栓、键、摇杆、小型轴类及农机用零件等</td></tr>
<tr><td>—</td><td>275</td><td>490～630</td><td>20</td></tr>
</table>

2. 低合金高强度结构钢

低合金高强度结构钢是在碳素结构钢基础上加入少量合金元素而形成的钢。碳的质量分数较小，一般在0.16%～0.20%范围内，加入的主要合金元素有Mn、Si、V、Ti、Nb等，其作用是强化铁素体、细化晶粒。因此与碳素结构钢相比，低合金高强度结构钢具有较高的强度，良好的塑性、韧性、焊接性能和耐蚀性能。

低合金高强度结构钢大多数在热轧退火或正火状态下使用，广泛用于桥梁、船舶、车辆、锅炉、压力容器等工程结构中，其中Q345应用最广。常用的低合金高强度结构钢的牌号、力学性能及应用举例见表6-2。

表6-2　常用的低合金高强度结构钢的牌号、力学性能及应用举例

牌号	σ_s/MPa	σ_b/MPa	δ_5（%）	特点及应用举例
Q295	295	390～570	23	具有良好的塑性、韧性、冲压成形性能。用于制造各种容器、储油罐、建筑结构件、车辆冲压件、低压锅炉汽包、金属结构件等
Q345	345	470～630	21	具有良好的综合力学性能和焊接性能。用于制造桥梁、船舶、车辆、厂房结构件、低压力容器等
Q390	390	490～650	19	具有良好的综合力学性能和焊接性能，冲击韧度较高。用于制造建筑结构件、船舶、中高压化工容器、较高载荷的焊接件等
Q420	420	520～680	18	具有良好的综合力学性能和焊接性能，低温韧性好。用于制造高压容器、电站设备、大型船舶及其他大型焊接结构件等
Q460	460	550～720	17	淬火回火后用于制造大型挖掘机、起重运输机械、钻井平台等

3. 低合金耐候钢

耐候钢是指耐大气腐蚀的钢，是在低碳钢的基础上加入少量的合金元素，如 Cu、P、Cr、Ni、Mo、Ti、V 等，在钢材表面形成一层保护膜，以提高其耐腐蚀性能。

我国耐候钢又可分为焊接结构用耐候钢和高耐候性结构钢两类。焊接结构用耐候钢具有良好的焊接性能，适于制造桥梁、建筑及其他要求耐候性的工程结构件；高耐候性结构钢的耐候性好，适于制造车辆、建筑、塔架和其他要求高耐候性的结构件。常用的低合金高强度耐候钢的牌号和力学性能见表 6-3 和表 6-4。

表 6-3　常用的焊接结构用耐候钢的牌号和力学性能

牌　号	σ_s/MPa	σ_b/MPa	δ_5（%）
Q235NH	235	360～490	25
Q295NH	295	420～560	24
Q355NH	355	490～630	22
Q460NH	460	550～710	22

表 6-4　常用的高耐候性结构钢的牌号和力学性能

牌　号	状　态	σ_s/MPa	σ_b/MPa	δ_5（%）
Q345GNHL	热轧	345	480	22
Q295GNHL		295	430	24
Q295GNH		295	390	24
Q345GNHL	冷轧	320	450	26
Q295GNHL		260	390	27
Q295GNH		260	390	27

4. 低合金专业用钢

为了适应某些特殊需要，在低合金高强度结构钢的基础上，通过调整钢的化学成分和工艺方法，便形成了低合金专业用钢，如汽车用低合金钢、低合金钢筋钢、铁道用低合金钢、矿用低合金钢等。其牌号与合金结构钢牌号的表示方法相同，但增加了表示用途的符号，常用结构钢中表示用途的符号见表 6-5 。

表 6-5　常用结构钢中表示用途的符号

名 称	汉字	符号	位置	名 称	汉字	符号	位置
易切削结构钢	易	Y	牌号头	压力容器用钢	容	R	牌号尾
耐候钢	耐候	NH	牌号头	焊接用钢	焊	H	牌号尾
钢轨钢	轨	U	牌号头	桥梁用钢	桥	q	牌号尾
铆螺钢	铆螺	ML	牌号头	锅炉用钢	锅	G	牌号尾
汽车大梁用钢	梁	L	牌号头	矿用钢	矿	K	牌号尾

二、机械零件用钢

1. 优质碳素结构钢

优质碳素结构钢在出厂时，既保证力学性能，又保证化学成分。钢中含 S、P 及非金属夹杂物较少，常用于制造重要的机械零件，一般需要经过热处理后使用。优质碳素结构钢的牌号、力学性能及应用举例见表 6-6。

表 6-6　优质碳素结构钢的牌号、力学性能及应用举例

牌号	化学成分（%）			力学性能					应用举例
	w_C	w_{Si}	w_{Mn}	σ_b /MPa	σ_s /MPa	δ_5 （%）	ψ （%）	a_K /（J/cm²）	
				不小于					
08	0.05～0.11	0.17～0.37	0.35～0.65	330	200	33	60	—	用于制造要求高韧性的冲击件、焊接件、紧固件，如螺母、垫圈等及强度不高的耐磨渗碳件
10	0.07～0.13	0.17～0.37	0.35～0.65	340	210	31	55	—	
15	0.12～0.18	0.17～0.37	0.35～0.65	380	230	27	55	—	
20	0.17～0.23	0.17～0.37	0.35～0.65	420	250	25	55	—	
25	0.22～0.29	0.17～0.37	0.50～0.80	460	280	23	50	90	
30	0.27～0.34	0.17～0.37	0.50～0.80	500	300	21	50	80	用于制造承受载荷较大的零件，如连杆、曲轴、活塞销（杆）、凸轮等
35	0.32～0.39	0.17～0.37	0.50～0.80	540	320	20	45	70	
40	0.37～0.44	0.17～0.37	0.50～0.80	580	340	19	45	60	
45	0.42～0.50	0.17～0.37	0.50～0.80	610	360	16	40	50	
50	0.47～0.55	0.17～0.37	0.50～0.80	640	380	14	40	40	
55	0.52～0.60	0.17～0.37	0.50～0.80	660	390	13	35	—	
60	0.57～0.65	0.17～0.37	0.50～0.80	690	410	12	35	—	用于制造弹性零件，如各种螺旋弹簧等，以及耐磨件，如轧辊、钢丝绳、偏心轮等
65	0.62～0.70	0.17～0.37	0.50～0.80	710	420	10	30	—	
70	0.67～0.75	0.17～0.37	0.50～0.80	730	430	9	30	—	
80	0.77～0.85	0.17～0.37	0.50～0.80	1100	950	6	30	—	
85	0.82～0.90	0.17～0.37	0.50～0.80	1150	1000	6	30	—	
15Mn	0.12～0.18	0.17～0.37	0.70～1.00	420	250	26	55	—	应用范围基本与普通含锰优质碳素结构钢相同
20Mn	0.17～0.23	0.17～0.37	0.70～1.00	460	280	24	50	—	
25Mn	0.22～0.29	0.17～0.37	0.70～1.00	500	300	22	50	90	
30Mn	0.27～0.34	0.17～0.37	0.70～1.00	550	320	20	45	80	
35Mn	0.32～0.39	0.17～0.37	0.70～1.00	570	340	18	45	70	
40Mn	0.37～0.44	0.17～0.37	0.70～1.00	600	360	17	45	60	
45Mn	0.42～0.50	0.17～0.37	0.70～1.00	630	380	15	40	50	
50Mn	0.48～0.56	0.17～0.37	0.70～1.00	660	400	13	40	40	
60Mn	0.57～0.65	0.17～0.37	0.70～1.00	710	420	11	35	—	
65Mn	0.62～0.70	0.17～0.37	0.90～1.20	750	440	9	30	—	
70Mn	0.67～0.75	0.17～0.37	0.90～1.20	800	460	8	30	—	

08F～25 钢属于低碳钢。08、10 钢塑性、焊接性好，主要是制作薄板，用于制造冷冲压件和焊接件；15～25 钢属于渗碳钢，强度较低，但塑性、韧性较高，冷冲压性能和焊接性能良好，可用于制造受力不大而高韧性的零件，如螺钉、垫圈等，也可用于冷冲压件和焊接件。这类钢经渗碳、淬火和低温回火后，表面硬度可达到 60HRC 以上，耐磨性好，而心部具有一定的强度和韧性，可用于制造要求表面高硬度、高耐磨性，并承受冲击载荷作用的零件，如齿轮、小轴等。

30 ~55 钢属于调质钢，经过调质处理后，具有良好的综合力学性能，主要用于制造要求强度、塑性和韧性都较高的重要零件，如齿轮、轴类等。其中45 钢应用最广。

60 ~85 钢属于弹簧钢，经淬火和中温回火后，具有较高的弹性极限和疲劳强度，主要用于制造尺寸较小的弹簧、弹性件及耐磨件等。

较高含锰优质碳素结构钢（15Mn ~70Mn），由于锰的作用，其强度和淬透性高于对应的普通含碳的优质碳素结构钢。

2. 合金结构钢

合金结构钢是在优质碳素结构钢的基础上加入合金元素而形成的钢。主要用于制造机械零件。按其用途和热处理特点可分为合金渗碳钢、合金调质钢、合金弹簧钢和滚动轴承钢。

（1）合金渗碳钢　合金渗碳钢主要用于制造性能要求较高或截面尺寸较大，且在循环载荷、冲击载荷及摩擦条件下工作的零件，如汽车变速齿轮轴、内燃机凸轮轴、活塞销等。

合金渗碳钢中碳的质量分数一般在0.10% ~0.25%范围内，以保证心部有足够的韧性。加入合金元素 Cr、Mn、Ni、B 等，以提高钢的淬透性，提高强度；加入 Mo、W、V、Ti 等，可以细化晶粒，提高耐磨性。

20CrMnTi 是最常用的合金渗碳钢。合金渗碳钢的最终热处理用渗碳、淬火和低温回火，表面硬度可达58 ~64HRC。常用的合金渗碳钢的牌号、热处理、力学性能及应用举例见表6-7。

表6-7　常用的合金渗碳钢的牌号、热处理、力学性能及应用举例

牌号	热处理				力学性能					应用举例
	渗碳/℃	预备热处理/℃	淬火/℃	回火/℃	σ_b /MPa	σ_s /MPa	δ_5 (%)	ψ (%)	A_{KU} /J	
20Cr	910 ~950	880 水冷或油冷	780 ~820 水冷或油冷	200	835	540	10	40	47	用于制造小齿轮、小轴、活塞销等
20CrMnTi		880 油冷	870 油冷	200	1080	850	10	45	55	用于制造汽车及拖拉机变速齿轮、传动杆等
20CrMnMo		—	850 油冷	200	1180	885	10	45	55	用于制造拖拉机主动齿轮、活塞销等
20MnVB		—	860 油冷	200	1080	885	10	45	55	用于代替20CrMnTi 制造齿轮及其他渗碳件

（2）合金调质钢　合金调质钢主要用于制造受力复杂的重要零件，如机床主轴、柴油机连杆等。这些零件均在多种载荷的作用下工作，既要求有很高的强度，又要求具有很好的塑性和韧性，即具有良好的综合力学性能。

合金调质钢中碳的质量分数一般在0.25% ~0.50%范围内，加入合金元素 Mn、Si、Cr、Ni、B 等，以提高钢的淬透性，提高强度，改善韧性；加入 Mo、W、V、Ti 等，细化晶粒，提高钢的回火稳定性，进一步改善钢的性能。

40Cr 是最常用的合金调质钢，其强度比40 钢提高20%。合金调质钢的最终热处理一般是调质处理，若要求零件表面具有很高的耐磨性，可在调质处理后再进行表面淬火或化学热处理。常用的合金调质钢的牌号、热处理、力学性能及应用举例见表6-8。

表6-8 常用的合金调质钢的牌号、热处理、力学性能及应用举例

牌号	热处理		力学性能					应用举例
	淬火/℃	回火/℃	σ_b/MPa	σ_s/MPa	δ_5(%)	ψ(%)	A_{KU}/J	
40Cr	850 油冷	520 水冷	980	785	9	45	47	用于制造齿轮、连杆、轴等
40MnB	850 油冷	500 水、油冷	980	785	10	45	47	用于代替40Cr制造汽车转向节、半轴、花键轴等
30CrMnSi	880 油冷	520 水、油冷	1080	835	10	45	54	用于制造砂轮轴、联轴器、离合器等
38CrMoAlA	940 水油	640 水、油冷	980	835	14	50	71	用于制造镗床镗杆、精密丝杠、蜗杆、高压阀门等
40CrMnMo	850 油冷	600 水、油冷	980	785	10	45	63	用于制造重载荷轴、齿轮、连杆等

（3）合金弹簧钢　弹簧在工作时是利用弹性变形，在各种机械中起缓和冲击、吸收振动和储存能量的作用。因此制造弹簧的材料应具有高的弹性极限和疲劳极限、高的屈强比及足够的塑性和韧性。弹簧钢主要用于制造各种弹簧或弹性元件，如汽车钢板弹簧、螺旋弹簧等。

合金弹簧钢中碳的质量分数一般在0.45%～0.7%范围内，以保证高的弹性极限和疲劳强度。加入合金元素Mn、Si、Cr等，提高钢的淬透性、屈强比（σ_s/σ_b）、回火稳定性，提高钢的强度；加入Mo、W、V等，细化晶粒，防止过热，进一步改善钢的性能。常用的合金弹簧钢的牌号、热处理、力学性能及应用举例见表6-9。

表6-9 常用的合金弹簧钢的牌号、热处理、力学性能及应用举例

牌号	热处理		力学性能				应用举例
	淬火/℃	回火/℃	σ_b/MPa	σ_s/MPa	δ(%)	ψ(%)	
			不小于				
55Si2Mn	870 油冷	480	1274	1176	6	30	用于制作截面为20～25mm的弹簧，如机车板弹簧、螺旋弹簧等
60Si2Mn	870 油冷	480	1275	117 7	5	25	用于制作截面为25～30mm的弹簧，如机车板弹簧、螺旋弹簧等
50CrVA	850 油冷	500	1274	1130	(δ_5)10	40	用于制作截面为30～50mm的弹簧，如安全阀弹簧、活塞弹簧等

（续）

牌号	热处理		力学性能				应用举例
	淬火/℃	回火/℃	σ_b/MPa	σ_s/MPa	δ(%)	ψ(%)	
			不小于				
60Si2CrVA	850 油冷	410	1900	1665	(δ_5)6	20	用于制作截面积小于50mm的弹簧，如重型板簧等

按弹簧的成形方式及热处理特点，弹簧可分为冷成形弹簧和热成形弹簧两种。

① 冷成形弹簧：对于弹簧丝直径小于10mm的弹簧，它常用冷拉钢丝冷卷成弹簧，成形后弹簧具有很高的强度和很好的表面质量，所以只需再进行200～300℃的去应力退火，以消除冷变形产生的内应力，稳定弹簧尺寸。

② 热成形弹簧：对于截面尺寸较大的弹簧，如汽车的钢板弹簧、螺旋弹簧等，热成形后，进行淬火和中温回火处理，得到回火托氏体，保证高的弹性极限、疲劳强度和足够的韧性。

（4）滚动轴承钢　滚动轴承钢是一种专用结构钢，主要用于制造滚动轴承的内、外套圈及滚动体，也可用于制造各种工具和耐磨零件等。滚动轴承在工作时，承受较大的循环载荷作用，同时滚动体和套圈之间还会产生强烈的摩擦，因此，滚动轴承钢应具有高的硬度和耐磨性，高的疲劳强度，一定的韧性和耐蚀性等。

应用最广泛的是高碳铬钢，其碳的质量分数在0.95%～1.15%范围内，以提高钢的强度和硬度，合金元素铬的质量分数一般在0.40%～1.65%范围内，是为了提高钢的淬透性，并在热处理后形成细小均匀的合金渗碳体（Fe、Cr）$_3$C，以提高钢的硬度、疲劳强度和耐磨性。在制造大型滚动轴承时，为了进一步提高淬透性，还可以加入硅、锰等合金元素。

滚动轴承钢对有害元素S、P和非金属夹杂物等含量控制很严，一般规定硫的质量分数小于或等于0.025%，磷的质量分数小于或等于0.025%，可见，滚动轴承钢都是高级优质钢。

滚动轴承钢的预备热处理采用球化退火，目的是获得球状珠光体组织，降低硬度，改善切削加工性，为淬火作组织准备；最终热处理为淬火和低温回火，目的是获得极细回火马氏体和细小均匀分布的合金碳化物组织，以提高硬度和耐磨性，硬度可达61～65HRC。

目前我国应用最多的滚动轴承钢有：GCr15主要用于制造中、小型滚动轴承；GCr15SiMn主要用于制造较大型滚动轴承。常用滚动轴承钢的牌号、热处理及应用举例见表6-10。

表6-10　常用滚动轴承钢的牌号、热处理及应用举例

牌号	热处理/℃		回火后硬度/HRC	应用举例
	淬火	回火		
GCr6	800～820 油冷	150～170	62～64	直径小于10mm的滚珠、滚柱及滚针
GCr9	810～830 油冷	150～170	62～66	直径小于20mm的滚珠、滚柱及滚针
GCr9SiMn	810～830 油冷	150～160	62～64	直径为25～50mm的滚珠或大于22mm的滚柱，壁厚小于12mm、外径小于250mm的套圈
GCr15	820～840 油冷	150～160	62～66	

（续）

牌号	热处理/℃		回火后硬度/HRC	应用举例
	淬火	回火		
GCr9SiMn	820～840 油冷	150～200	61～65	直径大于 50mm 的滚珠或大于 22mm 的滚柱，壁厚大于 12mm、外径大于 250mm 的套圈
GSiMnMoV RE	780～820 油冷	160～180	62～64	代替 GCr15SiMn 制造汽车、拖拉机、轧钢机上的大型轴承

对于精密滚动轴承，为了保证尺寸稳定性，可在淬火后进行冷处理（－60～－80℃），以减小残留奥氏体量，然后进行低温回火和磨削加工，最后进行时效处理（120～130℃，保温 10～20h），以消除磨削应力，进一步稳定尺寸。

三、其他结构用钢

1. 易切削结构钢

易切削结构钢是在优质碳素结构钢的基础上加入能够改善切削加工性能的合金元素而形成的钢种。这类钢具有良好的切削加工性能，适合在自动机床上进行高速切削来制造机械零件，它不仅在高速切削条件下对刀具的磨损小，而且切削后零件的表面粗糙度值较小。

在易切削结构钢中主要加入硫、磷、锰、铅等合金元素，主要在切削时起断屑作用，以减小刀具磨损，降低工件的表面粗糙度值，延长刀具的使用寿命。

易切削结构钢的牌号由“易”字的汉语拼音字首“Y”加数字组成，数字表示钢中碳的质量分数的万分之几。例如，Y12 表示碳的平均质量分数为 0.12% 的易切削结构钢。常用的易切削结构钢的牌号、力学性能及应用举例见表 6-11。

表 6-11　常用的易切削结构钢的牌号、力学性能及应用举例

牌号	力学性能（热轧状态）				应用举例
	σ_b/MPa	δ_5（%）	ψ（%）	HBW	
Y12	390～540	22	36	170	用于制造一般标准紧固件，如螺栓、螺母、销等，Y15 具有更好的切削加工性能
Y15	390～540	22	36	170	
Y12Pb	390～540	22	36	170	用于制造表面粗糙度值要求较小的机械零件，如精密仪表中的零件、轴、销等
Y15Pb	390～540	22	36	170	
Y20	450～600	20	30	175	用于制造强度要求较高、形状复杂的零件，如纺织机械和计算机中的零件、各种标准紧固件等
Y30	510～655	15	25	187	
Y35	510～655	14	22	187	
Y40Mn	590～735	14	20	207	用于制造表面粗糙度值要求小及受较大载荷作用的零件，如机床中的丝杠、光杠、螺栓、自行车和缝纫机等零件
Y45Ca	600～745	12	26	241	用于制造力学性能要求较高的零件，如齿轮、轴等

2. 铸造碳钢

在生产中有许多形状复杂的大型零件，如水压机横梁、轧钢机的机架、锻锤砧座等，力学性能要求较高，用锻压或机械加工的方法很难成型，用铸铁制造又无法满足力学性能要求，因此需采用铸造碳钢制造。

铸造碳钢中碳的质量分数一般在 0.20% ~0.60% 范围内，含碳量过大，塑性差，铸造时易产生裂纹。常用的铸造碳钢的牌号、力学性能及应用举例见表 6-12。

表 6-12 常用的铸造碳钢的牌号、力学性能及应用举例

牌号	力学性能					特点及应用举例
	$\sigma_s(\sigma_{0.2})$/MPa	σ_b/MPa	δ（%）	ψ（%）	A_{KV}/J	
ZG200 -400	200	400	25	40	30	具有良好的塑性、韧性和焊接性能。用于制造受力不大、要求韧性较高的零件，如机座、变速箱箱体等
ZG230 -450	230	450	22	32	25	具有一定的强度和较好的塑性、韧性，焊接性能良好，切削加工性能一般。用于制造承受载荷不大，要求韧性较高的零件，如砧座、轴承盖、阀体等
ZG270 -500	270	500	18	25	22	具有较高的强度和较好的塑性，铸造性能和切削加工性能良好，焊接性能较好。用于制造轧钢机机架、轴承座、箱体、缸体等
ZG310 -570	310	570	15	21	15	具有良好的强度和切削加工性能，塑性和韧性较低。用于制造受力较大的零件，如大齿轮、制动轮等
ZG340 -640	340	640	10	18	10	具有较高的强度、硬度和耐磨性，切削加工性能中等，焊接性能较差，铸造性能良好，但冷却时易产生裂纹。用于制造齿轮、棘轮等

3. 超高强度钢

超高强度钢是指抗拉强度在 1500MPa 以上的合金结构钢，它是在合金调质钢的基础上，加入多种合金元素进行复合化形成的，主要用于航空、航天工业。如 35Si2MnVA 钢，其抗拉强度可达 1700MPa，用于制造飞机的起落架、框架、发动机曲轴等；40SiMnCrWMoRE 钢在 300 ~500℃时仍能保持高强度、良好的抗氧化性和耐热疲劳性能，用于制造飞机的机体构件等。

第五节 工 具 钢

工具钢是指用于制造各种刃具、模具、量具的钢，含碳量较高，且都是优质或高级优质钢。工具钢可分为刃具钢、模具钢和量具钢三大类。

一、刃具钢

刃具钢在工作时，由于受到切削力的作用，刃部会产生强烈摩擦、冲击与振动，因此，要求刃具钢应具有高的硬度、高的耐磨性、高的热硬性及足够的强度和韧性。刃具钢包括碳素工具钢、低合金工具钢和高速工具钢三种类型。

1. 碳素工具钢

碳素工具钢中碳的质量分数一般在0.65% ~1.35%范围内，以保证淬火后具有高硬度。但是硬度高会使钢的脆性增大，且碳素工具钢的淬透性较差，热硬性不高，仅能维持在250℃以下。因此，碳素工具钢对杂质元素的含量控制较严。碳素工具钢的牌号、化学成分、热处理及应用举例见表6-13。

表6-13　碳素工具钢的牌号、化学成分、热处理及应用举例

牌号	化学成分（%）			退火 HBW 不大于	淬火/℃ HRC 不小于	应用举例
	w_C	w_{Si}	w_{Mn}			
T7 T7A	0.65 ~ 0.74	≤0.35	≤0.40	187	800 ~820 水冷62	用于制作承受冲击、韧性好、硬度适当的工具，如锤子、手钳、扁铲等
T8 T8A	0.75 ~ 0.84	≤0.35	≤0.40	187	780 ~800 水冷62	用于制作承受冲击、较高硬度和耐磨性的工具，如冲头、压缩空气锤及木工工具等
T10 T10A	0.95 ~1.04	≤0.35	≤0.40	197	760 ~780 水冷62	用于制作承受中等冲击、高硬度和耐磨性的工具，如车刀、刨刀、丝锥、手工锯条等
T12 T12A	1.15 ~1.24	≤0.35	≤0.40	207	760 ~780 水冷62	用于制作不受冲击、高硬度和耐磨性的工具，如锉刀、钻头、刮刀、量具等

由表可见，各种牌号的碳素工具钢淬火后的硬度相近，但随着含碳量的增加，钢中未溶二次渗碳体数量增多，使钢的耐磨性提高，但韧性下降。因此，不同牌号的碳素工具钢用于不同使用性能要求的各种工具。

碳素工具钢的预备热处理采用球化退火，目的是改善切削加工性能，细化晶粒，为淬火做组织准备；最终热处理采用淬火和低温回火，组织是回火马氏体、粒状碳化物及少量残留奥氏体，硬度可达60 ~65HRC。

2. 低合金刃具钢

低合金刃具钢是在碳素工具钢基础上加入少量的合金元素形成的，主要用于制造切削量不大，但形状复杂的刃具，也可用于制造冷作模具和量具。

低合金刃具钢中碳的质量分数在0.75% ~1.45%范围内，以保证钢的高硬度和耐磨性。加入合金元素Cr、Mn、Si、W、V等，其目的是为了提高淬透性、回火稳定性，细化晶粒，提高硬度耐磨性。由于加入的合金元素量不大，所以热硬性不高，仅能维持在300℃以下。

低合金刃具钢的热处理方法与碳素工具钢基本相同，预备热处理采用球化退火，最终热处理采用淬火和低温回火。常用的低合金刃具钢的牌号、化学成分、热处理及应用举例见表6-14。

表6-14　常用的低合金刃具钢的牌号、化学成分、热处理及应用举例

牌号	化学成分（%）					热处理				应用举例
	w_C	w_{Mn}	w_{Si}	w_{Cr}	其他	淬火/℃	硬度HRC	回火/℃	硬度HRC	
9SiCr	0.85~0.95	0.3~0.6	1.2~1.6	0.95~1.25	—	830~860油冷	≥62	180~200	≥60~62	用于制造板牙、丝锥、铰刀、搓丝板、冷冲模等
CrWMn	0.90~1.05	0.8~1.1	≤0.40	0.90~1.2	w_W 1.2~1.6	800~830油冷	≥62	140~160	≥62~65	用于制造淬火变形小的刃具，如车床丝锥、拉刀、丝杆、冷冲模等
9Mn2V	0.85~0.95	1.7~2.0	≤0.40	—	w_V 0.10~0.25	780~810油冷	≥62	150~200	≥60~62	用于制造冷加工模具，各种淬火变形小的量规、丝锥、板牙、铰刀、磨床主轴、车床丝杆等

3. 高速工具钢

高速工具钢是一种高碳高合金工具钢。其特点是具有高热硬性、高耐磨性和足够的强度，热硬性可达600℃，因切削时能长时间保持刃口锋利，故又称为“锋钢”。

高速工具钢中碳的质量分数在0.70%~1.60%范围内，以保证形成足够的合金碳化物，使钢具有高硬度和耐磨性。加入大量的合金元素W、Mo、Cr、V等，其质量分数总和大于10%。W、Mo是为了提高钢的回火稳定性、耐磨性和热硬性；Cr能明显提高钢的淬透性；V能细化晶粒，并显著提高钢的硬度、耐磨性和热硬性。

高速工具钢只有经过适当的热处理才能获得良好的组织和性能。如图6-4所示是W18Cr4V的热处理工艺曲线。因为高速工具钢的合金元素含量高，塑性差，导热性差，为了减小热应力，防止加热时变形与开裂，在淬火加热时必须进行一次（800~850℃）或二次（500~600℃，800~850℃）预热，另外高速工具钢中含有大量的W、Mo、V、Cr等难溶的碳化物形成元素，只有在1200℃以上才能溶入奥氏体中。因此，高速工具钢的淬火加热温度很高，一般为1270~1280℃。淬火冷却一般在油或盐浴中进行马氏体分级淬火，以减小变形。高速工具钢淬火后组织为马氏体、未溶合金碳化物和残留奥氏体（体积分数为30%左右）。

高速工具钢淬火后必须在550~570℃范围内进行多次回火（一般为三次），其目的是通过三次回火，可以使残留奥氏体量减小到最低值，使残留奥氏体转变成回火马氏体，同时使淬火马氏体中析出极细小的碳化物，提高钢的硬度，使钢得到二次硬化。高速工具钢经淬火回火后的组织是含有大量合金元素的回火马氏体、均匀细粒状碳化物及少量残留奥氏体，硬度可达63～66HRC。

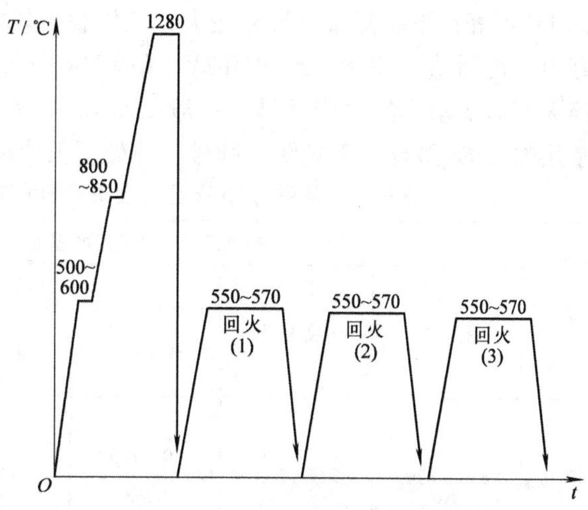

图6-4 W18Cr4V的热处理工艺曲线

高速工具钢主要用于制造切削速度较高的刀具，如车刀、铣刀、麻花钻头等和形状复杂、承受载荷较大的成形刀具，如齿轮铣刀、拉刀等；此外，也可用于制造冷挤压模及某些耐磨零件。常用的高速工具钢的牌号、化学成分、热处理及应用举例见表6-15。

表6-15 常用的高速工具钢的牌号、化学成分、热处理及应用举例

牌号	化学成分（%）					热处理				应用举例
	w_C	w_{Cr}	w_W	w_V	w_{Mo}	淬火/℃	硬度HBC	回火/℃	硬度HRC	
W18Cr4V	0.70～0.80	3.80～4.40	17.50～19.00	1.00～1.40	≤0.30	1260～1280油冷	≥63	550～570（三次）	63～66	用于制造中速切削用车刀、刨刀、钻头、铣刀等
W6Mo5Cr4V2	0.80～0.90	3.80～4.40	5.50～6.75	1.75～2.20	4.50～5.50	1220～1240油冷	≥63	540～560（三次）	63～66	用于制造要求耐磨性和韧性相配合的中速切削刀具，如丝锥、钻头等
W9Mo3Cr4V	0.77～0.87	3.80～4.40	8.50～9.50	1.30～1.70	2.70～3.30	1210～1230	≥63	540～560（三次）	≥63	用途与通用型高速钢相似，如铰刀等

二、模具钢

模具钢主要用于制造各种金属成形的模具。根据工作条件不同，模具钢可分为冷作模具钢和热作模具钢两种。

1. 冷作模具钢

冷作模具钢是指用于制造使金属在冷态下成形的模具，如冷冲模、冷挤压模、拉丝模、拉深模等。冷作模具钢工作时承受很大的压力、摩擦和冲击，因此要求冷作模具钢具有高的硬度、耐磨性、足够的强度和韧性，此外对于形状复杂、精密、大型模具，还要有较高的淬透性和较小的淬火变形。

对于形状简单、尺寸较小、工作载荷不大的冷作模具可用碳素工具钢制造，如T8A、

T10A、T12A 等；形状复杂、尺寸较大、工作载荷较重、精度要求较高的冷作模具，一般用低合金刃具钢制造，如 9SiCr、9Mn2V、CrWMn、Cr2 等；而对于工作载荷重、耐磨性要求高、淬火变形要求小的冷作模具，一般用 Cr12 型高铬合金工具钢制造，如 Cr12、Cr12MoV 等。常用的 Cr12 型合金工具钢的牌号、热处理及应用举例见表 6-16。

表 6-16　常用的 Cr12 型合金工具钢的牌号、热处理及应用举例

牌号	热处理及热处理后的硬度					应用举例
	退火/℃	硬度 HBW	淬火与回火			
			淬火/℃	回火/℃	硬度 HRC	
Cr12	850~870	217~269	950~1000 油冷	200	62~64	用于制造小型硅钢片冲裁模、精冲模、小型拉深模、钢管冷拔模等
Cr12MoV	850~870	207~255	950~1000 油冷	200	58~62	用于制造重冲裁模、穿孔冲头、拉深模、弯曲模、滚丝模、冷挤压模、冷镦模等
Cr12Mo1V1	850~870	255	1000~1100 空冷	200	58~62	用于制造加工不锈钢、耐热钢的拉深模等

2. 热作模具钢

热作模具钢是指用于制造使金属在热态下成形的模具，如热锻模、热挤压模、压铸模等。热作模具钢在工作时，模具与高温金属周期性地接触，反复受热和冷却，并受到强烈的磨损和冲击作用，因此热作模具钢应具有足够的高温强度、韧性和耐磨性，一定的硬度，良好的耐热疲劳性能及很好的淬透性，另外还应具有良好的导热性和抗氧化性。

热作模具钢一般采用中碳合金工具钢制造，其碳的质量分数为 0.3%~0.6%，以保证高的强度和韧性。加入合金元素 Cr、Ni、Mn、Si 等，目的是提高淬透性，强化铁素体；加入 Mo、W、V 等是为了细化晶粒，提高钢的回火稳定性、耐热疲劳性和耐磨性。

常用的热作模具钢的牌号、热处理及应用举例见表 6-17。其中 5CrNiMo 和 5CrMnMo 是最常用的热锻模用钢；3Cr2W8V 是常用的热挤压模和压铸模用钢。

表 6-17　常用热作模具钢的牌号、热处理及应用举例

牌号	热处理及热处理后的硬度					应用举例
	退火/℃	硬度 HBW	淬火与回火			
			淬火/℃	回火/℃	硬度 HRC	
5CrMnMo	760~780	197~241	820~850	460~490	42~47	用于中、小型状简单的锤锻模、切边模等
5CrNiMo	760~780	197~241	830~860	450~500	43~45	用于制造大型或形状复杂的锤锻模，热挤压模等

（续）

<table>
<tr><th rowspan="3">牌号</th><th colspan="5">热处理及热处理后的硬度</th><th rowspan="3">应用举例</th></tr>
<tr><th rowspan="2">退火/℃</th><th rowspan="2">硬度 HBW</th><th colspan="3">淬火与回火</th></tr>
<tr><th>淬火/℃</th><th>回火/℃</th><th>硬度 HRC</th></tr>
<tr><td>3Cr2W8V</td><td>840 ~ 860</td><td>207 ~ 255</td><td>1075 ~ 1125</td><td>560 ~ 580</td><td>44 ~ 48</td><td>用于制造热挤压模、压铸模等</td></tr>
<tr><td>5Cr4Mo3-SiMnVAl</td><td>860</td><td>229</td><td>1090 ~ 1120</td><td>580 ~ 600</td><td>53 ~ 55</td><td>用于制造压力机热压冲头及凹模等，也可用于冷作模具</td></tr>
<tr><td>4CrMnSiMoV</td><td>850 ~ 870</td><td>197 ~ 241</td><td>870 ~ 930</td><td>550</td><td>44 ~ 49</td><td>用于制造大型锤锻模及热挤压模等，可以代替 5CrNiMo</td></tr>
<tr><td>4Cr5MoSiV</td><td rowspan="2">860 ~</td><td rowspan="2">229</td><td rowspan="2">1000 ~ 1100</td><td rowspan="2">550</td><td rowspan="2">56 ~ 58</td><td rowspan="2">用于制造小型热锻模、热挤压模、高速精锻模、压力机模具等</td></tr>
<tr><td>4Cr5MoSiV1</td></tr>
</table>

热作模具钢的最终热处理一般为调质处理或淬火加中温回火，目的是保证足够的韧性。有些热作模具钢还可以进行渗氮、碳氮共渗等化学热处理，以提高耐磨性和延长模具的使用寿命。

三、量具钢

量具钢主要用于制造各种测量工具，如游标卡尺、千分尺、量块及塞规等。量具在使用过程中，其工作部位经常与工件接触，会受到磨损和碰撞，因此，量具钢应具有高硬度、高耐磨性、良好的尺寸稳定性和足够的韧性。

一般形状简单、尺寸较小、性能要求不高的量具，如游标卡尺、样板、量规等，可采用碳素工具钢和渗碳钢制造；高精度、形状复杂的量具，如量块等，可采用微变形钢（如 CrWMn）或滚动轴承钢制造；对于要求耐蚀性的量具，可采用不锈钢（如 3Cr13）制造。常见的量具用钢与热处理见表 6-18。

表 6-18　常见的量具用钢与热处理

<table>
<tr><th>量具名称</th><th>材料</th><th>热处理</th></tr>
<tr><td rowspan="2">平样板、卡规、大型量具</td><td>15、20、20Cr</td><td>渗碳、淬火 + 低温回火</td></tr>
<tr><td>50、55、60、65</td><td>调质，表面淬火 + 低温回火</td></tr>
<tr><td>要求耐腐蚀性的量具</td><td>3Cr13、4Cr13</td><td>淬火 + 低温回火</td></tr>
<tr><td>一般量规、量块及卡尺</td><td>T10A、T12A、9SiCr</td><td rowspan="2">淬火 + 低温回火</td></tr>
<tr><td>高精度量规、块规及形状复杂的样板</td><td>GCr15、CrWMn、9Mn2V</td></tr>
</table>

量具钢的预备热处理是球化退火，最终热处理是淬火和低温回火。但回火的温度较低

（150～170℃），且时间较长，以保证尺寸稳定性。对于精密量具，为了保证尺寸稳定性，可在淬火后进行－70～－80℃的冷处理，然后进行长时间的低温回火，并在精磨后再进行时效处理（120℃、保温2～3h），以消除磨削应力。

第六节　特殊性能钢

特殊性能钢是指具有特殊物理性能或化学性能的钢。在机械制造业中常用的有不锈钢、耐热钢和耐磨钢三种。

一、不锈钢

不锈钢是指能够对周围腐蚀介质（如空气、蒸汽、酸、碱、盐等）具有抵抗能力的钢。

1．不锈钢的化学成分

不锈钢中碳的质量分数较小，且随着碳的质量分数的增大，其耐蚀性降低。不锈钢中常加入合金元素铬，一般铬的质量分数 $w_{Cr} \geqslant 13\%$，Cr 在氧化介质中能形成一层具有保护作用的 Cr_2O_3 薄膜，可以防止钢的表面被氧化和腐蚀。另外不锈钢中还含有合金元素 Ni、Ti、Mn、N、Nb 等。

2．常用不锈钢

不锈钢按化学成分，可分为铬不锈钢和铬镍不锈钢；按组织可分为马氏体不锈钢、奥氏体不锈钢和铁素体不锈钢。常用不锈钢的牌号、热处理、力学性能及应用举例见表6-19。

表 6-19　常用不锈钢的牌号、热处理、力学性能及应用举例

类别	牌号	热处理/℃	力学性能				应用举例
			σ_b/MPa	δ_5（%）	ψ（%）	HBW	
奥氏体型	1Cr18Ni9	固溶处理：1010～1150 快冷	520	40	60	187	用于制造建筑用装饰部件、酸槽、管道、吸收塔等
奥氏体型	0Cr18Ni9	固溶处理：1010～1150 快冷	520	40	60	187	用于制造食品及原子能工业用设备等
奥氏体型	1Cr18Ni9Ti	固溶处理：920～1150 快冷	520	5400	50	187	用于制造医疗器械、耐酸容器、设备衬里及输送管道等
铁素体型	1Cr17	退火：780～850 空冷或缓冷	450	22	50	183	用于制造重油燃烧部件、家用电器部件及建筑内饰品等
铁素体型	1Cr17Mo	退火：780～850 空冷或缓冷	450	22	60	183	用于汽车外装饰材料等
铁素体型	00Cr30Mo2	退火：900～1050 快冷	450	20	45	228	用于制造有机酸设备、苛性碱设备等

（续）

<table>
<tr><th rowspan="2">类别</th><th rowspan="2">牌号</th><th rowspan="2">热处理/℃</th><th colspan="4">力学性能</th><th rowspan="2">应用举例</th></tr>
<tr><th>σ_b/MPa</th><th>δ_5（%）</th><th>ψ（%）</th><th>HBW</th></tr>
<tr><td rowspan="5">马氏体型</td><td>1Cr13</td><td>淬火：950～1000油冷
回火：700～750快冷</td><td>540</td><td>25</td><td>55</td><td>159</td><td>用于制造汽轮机叶片、内燃机车水泵轴、阀门、刃具等</td></tr>
<tr><td>2Cr13</td><td rowspan="2">淬火：920～980油冷
回火：600～750快冷</td><td>637</td><td>20</td><td>50</td><td>192</td><td>用于制造汽轮机叶片等</td></tr>
<tr><td>3Cr13</td><td>735</td><td>12</td><td>40</td><td>217</td><td>用于制造阀门、阀座、喷嘴、刃具等</td></tr>
<tr><td>7Cr13</td><td>淬火：1010～1070油冷
回火：100～180快冷</td><td>—</td><td>—</td><td>—</td><td>54HRC</td><td>用于制造刃具、量具、轴承、手术刀片等</td></tr>
<tr><td>3Cr13Mo</td><td>淬火：1025～1075油冷
回火：200～300油、水、空冷</td><td>—</td><td>—</td><td>—</td><td>50HRC</td><td>用于制造阀门轴承、热油泵轴、医疗器械零件等</td></tr>
</table>

（1）马氏体不锈钢　马氏体不锈钢中碳的质量分数在0.1%～0.4%范围内，铬的质量分数为11.5%～14.0%，属于铬不锈钢，通常也称为Cr13型不锈钢。因淬火后可获得马氏体，故又称为马氏体不锈钢。常用的钢号有1Cr13、2Cr13、3Cr13、7Cr13，马氏体不锈钢碳的质量分数较大，故具有较高的强度、硬度和耐磨性，但韧性和耐蚀性较差。主要用于制造力学性能要求较高，耐蚀性要求一般的零件，如弹簧、汽轮机叶片、水压机阀、医疗器械零件等。这类钢必须在淬火、回火后使用。

（2）奥氏体不锈钢　奥氏体不锈钢铬的质量分数在17%～19%范围内，镍的质量分数在8%～11%范围内，属于铬镍不锈钢，通常称为18-8型不锈钢。这类钢碳的质量分数较小，铬、镍的质量分数较大，经热处理后，组织为单相奥氏体，无磁性，其塑性、韧性和耐蚀性均高于马氏体不锈钢，且有较高的化学稳定性、良好的焊接性。主要用于制造强腐蚀性介质中工作的零件，如酸槽、吸收塔、管道、容器等。奥氏体不锈钢一般采用固溶强化处理，以获得单相奥氏体组织。

（3）铁素体不锈钢　铁素体不锈钢碳的质量分数在0.12%以下，铬的质量分数为12%～30%，也属于铬不锈钢。这类钢具有单相铁素体，其耐蚀性、塑性及焊接性均高于马氏体不锈钢，有较强的抗氧化能力，但强度较低。主要用于制造化工工业中要求耐腐蚀的零件。

二、耐热钢

耐热钢是指在高温下具有高的抗氧化性能和较高强度的钢。主要用于在高温下工作的设备，如航空、锅炉、汽轮机、动力机械、化工、石油、工业用炉等设备中。耐热钢按组织可分为奥氏体钢、马氏体钢和铁素体钢。

1. 奥氏体钢

钢中 Ni、Mn、N 等合金元素的质量分数较大，组织稳定，有较高的高温强度，工作温度可达 600 ~ 700℃。主要用于制造汽轮机叶片、发动机气阀等，常用钢有 1Cr18Ni9Ti、3Cr18Mn12Si2N 等。

2. 马氏体钢

马氏体钢有两种类型：一类是铬钢，多用于工作在温度在 450 ~ 620℃ 范围内，受力较大的零件，如汽轮机、燃气机及增压器叶片。常用钢有 1Cr13、1Cr11MoV 等；另一类是铬硅钢，这类钢又称为气阀钢，工作温度在 700 ~ 750℃ 范围内，常用于制造汽车发动机、内燃机的排气阀等，常用钢有 4Cr9Si。

3. 铁素体钢

铁素体钢中 Cr 的质量分数较大，具有高的抗氧化性能，而高温强度较低，多用于制造受力不大的加热炉构件，常用钢有 00Cr12、2Cr25N。

三、耐磨钢

耐磨钢主要用于制造承受巨大压力和冲击载荷作用的零件，如坦克与机车履带板、挖掘机铲斗、铁道道岔、球磨机衬板等。因此耐磨钢应具有良好的耐磨性和韧性。

耐磨钢碳的质量分数在 0.9% ~1.3% 范围内，以提高硬度和耐磨性；主要加入合金元素 Mn，其质量分数在 11% ~14% 范围内，以获得良好的塑性和韧性。因锰的质量分数较大，故也称为高锰钢。

耐磨钢的热处理一般采用“水韧处理”，即将钢加热到 1060 ~ 1100℃ 范围内，保温一定时间，使碳化物全部溶入奥氏体中，然后迅速水冷，获得奥氏体组织。耐磨钢经“水韧处理”处理后，其强度、硬度不高（180 ~ 220HBW），但塑性、韧性好。当工作中受到强烈冲击、巨大压力和摩擦时，因其表面产生塑性变形，使表面强烈硬化，硬度显著提高（50HRC 以上），从而使表面获得高的耐磨性，而心部保持良好的塑性和韧性。故这类钢只有在受到强大冲击和压力条件下才具有高的耐磨性。

由于耐磨钢易产生形变强化，所以切削加工很困难，一般多铸造成形，常用钢为 ZGMn13。常用耐磨钢的牌号、力学性能、热处理及应用举例见表 6-20。

表 6-20　常用耐磨钢的牌号、力学性能、热处理及应用举例

牌号	热处理（水韧处理）/℃	力学性能				应用举例
		σ_b /MPa	δ_5 （%）	a_{KU}/ （J/cm^2）	HBW	
ZGMn13—1	1060 ~ 1100 水冷	635	20	—	—	用于制造结构简单、要求耐磨性为主的低冲击的铸件，如衬板、齿板、辊套、铲齿、铁路道岔等
ZGMn13—2		685	25	147	300	
ZGMn13—3		735	30	147	300	用于制造结构复杂、要求韧性为主的高冲击铸件，如履带板、碎石机颚板等
ZGMn13—4		735	20	—	300	

本 章 小 结

本章主要介绍了钢的分类和牌号的表示方法，常存元素及合金元素对钢性能的影响，各种钢的化学成分、性能、热处理及应用。在学习过程中，能够正确识别钢号，熟悉典型钢的化学成分、热处理特点、性能及应用，正确理解碳素钢与合金钢的区别。本章与前面内容联系密切，能够运用所学知识，对日常所见的一些零件进行分析，触类旁通，以达到良好的学习效果。

复习思考题

一、名词解释

1. 碳素钢 2. 合金钢 3. 结构钢 4. 工具钢 5. 热硬性 6. 回火稳定性 7. 不锈钢 8. 耐热钢

二、填空题

1. 碳素钢中除铁、碳外，还含有________、________、________、________等常存元素。其中________和________是有害元素。

2. 碳素钢按钢中碳的质量分数可分为________、________和________三类。其碳的质量分数分别为________、________和________。

3. 合金钢按合金元素的总质量分数可分为________、________和________三种。其合金元素的总质量分数分别为________、________和________。

4. 钢按质量可分为________、________、________和________等四类。

5. 合金元素在钢中的主要作用有________、________、________、________和________。

6. 工程用钢主要用于各种________和________。大多数采用________和________。

7. 机械零件用钢主要制造用于各种________。大多采用________或________。

8. 合金结构钢按用途和热处理特点可分为________、________、________和________。

9. 刃具钢可分为________、________和________。

10. 高速工具钢是一种________工具钢。其性能特点是：当切削刃温度达600℃时，仍能保持高的________、高________和足够的________。

11. 按工作条件不同，合金模具钢可分为________和________两种。

12. 特殊性能钢常用的有________、________和________。

13. 常用的不锈钢有________、________和________。

三、选择题（将正确答案的序号填在横线上）

1. 在下列三种钢中________钢的弹性最好，________钢中的塑性最好，________钢中的硬度最高。

A. T10　　B. 20　　C. 65Mn

2. 08F 钢中碳的平均质量分数为________。

A. 0.08%　　B. 0.8%　　C. 8%

3. GCr15 钢中碳的平均质量分数为________。

A. 0.15%　　B. 1.5%　　C. 15%

4. 选择制造下列零件的材料：冷冲压件________，小弹簧________，汽车变速齿轮________，钢板弹簧________，机床主轴________，滚动轴承________，贮酸槽________，坦克履带________。

A. GCr15　　B. 65Mn　　C. ZGMn13-3　　D. 1Cr18Ni9　　E. 40Cr

F. 60Si2Mn　　G. 08F　　H. 20CrMnTi

5. 选择制造下列工具的材料：锤子________，锉刀________，手工锯条________，高精度丝锥________，麻花钻头________，热锻模________，冷冲模________，医用手术刀________。

A. T10A　　B. W18Cr4V　　C. Cr12MoVA　　D. 5CrNiMo　　E. T8

F. 7Cr7　　G. CrWMn　　H. T12

6. 合金弹簧钢的最终热处理是________。

A. 淬火加低温回火　　B. 淬火加中温回火　　C. 淬火加高温回火

7. 合金渗碳钢渗碳后必须进行________热处理后才能使用。

A. 淬火加低温回火　　B. 淬火加中温回火　　C. 淬火加高温回火

8. 滚动轴承钢的最终热处理采用________。

A. 淬火加低温回火　　B. 淬火加中温回火　　C. 淬火加高温回火

四、问答题

1. 为什么在碳素钢中要严格控制S、P含量，而在易切削钢中又要适当提高？

2. 碳素工具钢中碳的质量分数对钢的力学性能有何影响？如何选用？

3. 合金元素为什么能提高钢的淬透性？在实际生产中有何意义？

4. 试列表说明合金结构钢的种类、成分、性能、热处理及应用举例。

5. 高速工具钢的成分、性能及热处理特点是什么？热处理的目的是什么？

6. 冷作模具钢与热作模具钢的成分、性能及热处理有何不同？

7. 量具钢的性能特点是什么？常用什么最终热处理？

8. 耐磨钢的常用钢号是什么？它为什么耐磨而且有很好的韧性？

9. 碳的质量分数对不锈钢的性能有何影响？

10. 说明下列牌号属于哪类钢？并说明其中数字和符号的含义。

65Mn　　T12A　　Q235-AF　　20CrMnTi　　W18Cr4V

9SiCr　　60Si2Mn　　ZGMn13-3　　GCr9　　1Cr13

第七章　铸　　铁

学习目标　了解铸铁的分类，理解铸铁石墨化的过程及其影响因素，熟悉常用铸铁的牌号、组织、性能及应用。重点是铸铁的牌号，灰铸铁的优缺点，石墨的数量、形状、大小对铸铁力学性能的影响以及提高灰铸铁力学性能的方法。

第一节　概　　述

铸铁是指碳的质量分数在2.11%以上的铁碳合金。工业常用铸铁中碳的质量分数一般在2.5%~4.0%范围内，铸铁与钢在化学成分上的主要区别是铸铁比钢含有较多的碳和硅，并且硫、磷等含量较高。

铸铁虽然力学性能不如钢好，但铸铁具有良好的铸造性能、减磨性能、吸振性能、切削加工性能及较低的缺口敏感性，而且生产工艺简单，成本低廉，经合金化后还具有良好的耐热性能和耐腐蚀性能等，广泛用于工农业机械、国防工业、冶金、石油化工、机床及重型机械制造等部门。按质量百分数，在农业机械中铸铁件约占40%~60%，在汽车制造业约占50%~70%。

一、铸铁的种类

1. 根据铸铁中碳的存在形式可将铸铁分为：

（1）白口铸铁　碳主要以渗碳体的形式存在，其断口呈银白色，故称为白口铸铁。白口铸铁硬度高，脆性大，难以切削加工，很少直接用于制造机械零件，主要用于炼钢原料、可锻铸铁坯料以及不需要切削加工，但硬而耐磨的零件，如轧辊、犁铧及球磨机的磨球等。

（2）灰铸铁　在灰铸铁中，碳主要以石墨的形式存在，其断口呈灰色，故称为灰铸铁。灰铸铁是工业上常用的铸铁。

（3）麻口铸铁　铸铁中的碳一部分以石墨形式存在，另一部分以渗碳体形式存在，其断口呈灰白色相间，故称为麻口铸铁。这类铸铁的脆性较大，工业上很少使用。

2. 工业上常用灰铸铁，按石墨的存在形式，铸铁可分为：

（1）灰铸铁　碳主要以片状石墨形式存在。

（2）球墨铸铁　碳主要以球状石墨形式存在。

（3）可锻铸铁　碳主要以团絮状石墨形式存在。

（4）蠕墨铸铁　碳主要以蠕虫状形式存在。

此外，为了改善和提高铸铁的使用性能，在灰铸铁中加入一种或几种合金元素，如Cr、Cu、W、Al、B等，即形成了合金铸铁。

二、铸铁的石墨化及其影响因素

1. 石墨化的过程

铸铁中碳以石墨形式析出的过程称为石墨化。在铸铁中，碳的存在形式有石墨（符号G）和渗碳体两种。石墨具有特殊的简单六方晶格，如图7-1所示。原子呈层状排列，同一层原子间距为 0. 142mm，结合力较强，两层间原子间距较大，为 0. 340mm，结合力较弱，容易滑移。因此石墨的强度、塑性和韧性极低。

铸铁中碳以何种形式存在，与铁液的冷却速度有关。缓慢冷却时，从铁液或奥氏体中析出石墨；快速冷却时，形成渗碳体。而渗碳体在高温下进行长时间加热时，可分解为铁和石墨（即 $Fe_3C \rightarrow 3Fe + G$），因而渗碳体是亚稳相，石墨是稳定相。

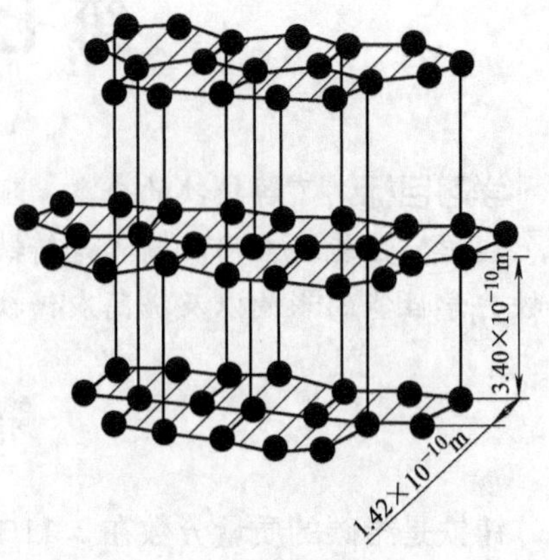

图 7-1 石墨的晶体结构

2. 影响石墨化的因素

影响石墨化的因素较多，其中化学成分和冷却速度是影响石墨化的主要因素。

（1）化学成分的影响

① 碳和硅：是强烈促进石墨化的元素。碳的质量分数越大，越有利于形成石墨；硅的质量分数越大，越有利于促进石墨化，易形成灰口组织。

② 硫：是强烈阻碍石墨化的因素。硫易使碳以渗碳体形式析出，促进白口化。此外，硫还会降低铸铁的力学性能和铁液的流动性。因此硫是有害元素，应严格控制硫在铸铁中的含量。

③ 锰：是阻碍石墨化、促进白口化的元素。但锰能降低硫的有害作用，所以锰在铸铁中的质量分数要合适。

④ 磷：是微弱促进石墨化的元素。它能提高铁液的流动性，但会增加铸铁的脆性，使铸铁产生冷裂倾向。因此，要严控磷的含量。

（2）冷却速度的影响　冷却速度对石墨化的过程影响很大。若冷却速度快，碳原子来不及扩散，石墨化难以充分进行，因而容易产生白口化组织；如果缓慢冷却，碳原子可以充分扩撒，有利于石墨化过程充分进行，则获得灰铸铁组织。

化学成分和冷却速度对石墨化的影响如图 7-2 所示。由图可见，铸件壁厚越薄，碳和硅的质量分数越小，越容易形成白口化组织；当铸件的壁厚足够大时，碳和硅的质量分数小也能获得灰铸铁组织。因此调整铸铁中碳和硅的质量分数及冷却速度是控制石墨化的关键。

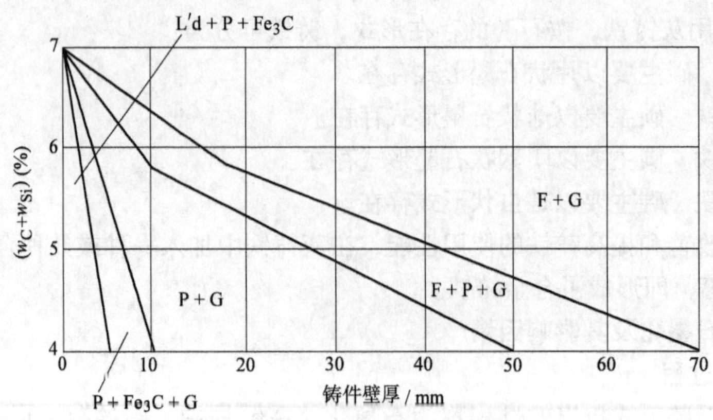

图 7-2 成分和壁厚对石墨化的影响

第二节　灰　铸　铁

一、灰铸铁的成分、组织和性能

1. 灰铸铁的化学成分

灰铸铁的化学成分一般为：$w_C = 2.7\% \sim 3.6\%$，$w_{Si} = 1.0\% \sim 2.5\%$，$w_{Mn} = 0.5\% \sim 1.3\%$，$w_S \leqslant 0.15\%$，$w_P \leqslant 0.3\%$。

2. 灰铸铁的显微组织

灰铸铁的组织由钢的基体和片状石墨组成。根据石墨化的程度不同，灰铸铁的组织有以下三种类型：

（1）铁素体灰铸铁　铁素体基体加片状石墨。

（2）铁素体-珠光体灰铸铁　铁素体-珠光体基体加片状石墨。

（3）珠光体灰铸铁　珠光体基体加片状石墨。

三种类型灰铸铁的显微组织如图 7-3 所示。

3. 灰铸铁的性能

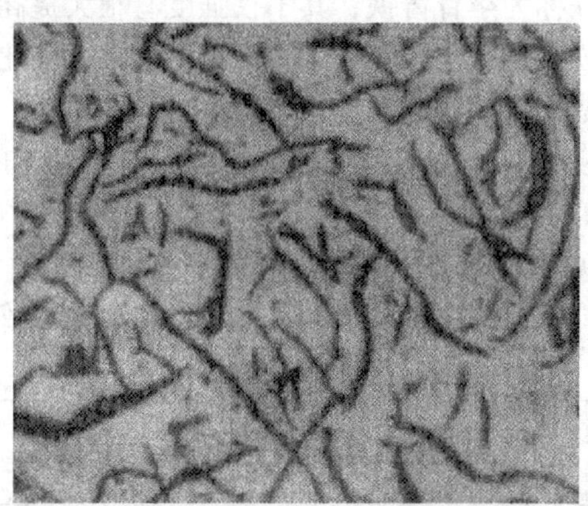

a)

b)

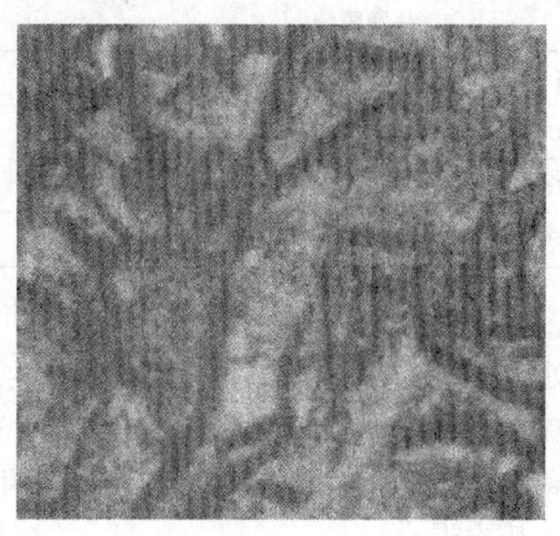

c)

图 7-3　灰铸铁的显微组织

a）铁素体灰铸铁　b）铁素体-珠光体灰铸铁　c）珠光体灰铸铁

(1) 力学性能　由灰铸铁的组织可以看出，灰铸铁的力学性能取决于基体组织和片状石墨。由于石墨的强度、塑性和韧性几乎为零，因此，石墨的存在相当于在钢基体上分布着许多裂纹和空洞，破坏了基体的连续性，从而减小了钢基体的有效承载面积；另外，片状石墨的尖角处容易产生应力集中，使铸铁件在此处产生脆性断裂。因此，灰铸铁的抗拉强度、塑性和韧性远不如同基体的钢。铸铁中的石墨片数量越多、尺寸越大、分布越不均匀，对基体的割裂作用和应力集中越严重，铸铁的强度、塑性和韧性越低。但石墨片对抗压强度影响不大。基体组织对灰铸铁力学性能的影响是，珠光体基体灰铸铁具有较高的强度、硬度。故生产上常用珠光体灰铸铁。

(2) 其他性能　虽然石墨降低了灰铸铁的力学性能，但也会给灰铸铁带来一些其他的优良性能，如良好的铸造性、耐磨性、减振性、切削加工性及低的缺口敏感性等。

二、灰铸铁的孕育处理

为了提高灰铸铁的力学性能，必须改变基体组织和石墨的数量、大小及分布情况。生产上常采用孕育处理，即在铁液浇注前，往铁液中加入少量孕育剂（如硅铁或硅钙合金），使铁液内形成大量均匀分布的石墨晶核，使灰铸铁得到细晶粒的珠光体基体和细片状石墨组织。经过孕育处理后的铸铁称为孕育铸铁，其不仅强度有很大提高，而且塑性和韧性也有所改善。因此，常用孕育铸铁制造力学性能要求较高，截面尺寸变化较大的大型铸铁件。

三、灰铸铁的牌号及应用

灰铸铁的牌号是由“灰铁”两个字的汉语拼音字首“HT”和一组数字组成，一组数字表示最小抗拉强度，如 HT100，表示最小抗拉强度为 100MPa 的灰铸铁。常用灰铸铁的牌号、力学性能及应用举例见表 7-1。

表 7-1　常用灰铸铁的牌号、力学性能及应用举例

牌号	铸铁类别	最小抗拉强度/MPa	应用举例
HT100	铁素体灰铸铁	100	适合于载荷较小及不重要的零件，如盖、手轮、支架外壳等
HT150	铁素体-珠光体灰铸铁	150	适用于承受中等载荷的零件，如底座、机床支柱、齿轮箱、轴承座等
HT200	珠光体灰铸铁	200	适用于承受较大载荷及较重要的零件，如机床床身、气缸体、缸盖、联轴器、齿轮、飞轮、液压缸等
HT250		250	
HT300	孕育铸铁	300	适用于承受大载荷及重要的零件，如齿轮、凸轮、高压油缸、大型发动机曲轴、泵体、阀体等
HT350		350	

四、灰铸铁的热处理

热处理只能改变基体组织，而不能改变石墨的形态和分布情况。因此通过热处理不能明显提高灰铸铁的力学性能，灰铸铁热处理主要用于消除铸件内应力和白口化组织，稳定尺寸，提高铸件表面硬度和耐磨性。灰铸铁常用热处理方法有以下三种：

1. 去应力退火

铸件在冷却过程中，由于各个部位冷却速度不一致，会产生较大的铸造应力，导致铸件的变形或开裂。因此对于一些形状复杂或精度要求较高的铸件，如机床床身、机架等，应进行去应力退火，即将铸件缓慢加热到 500～600℃，保温后随炉冷却到 200℃以下出炉空冷。

2. 软化退火

铸件表层或薄壁处，由于冷却速度较快，容易形成白口组织，给切削加工带来困难。因此常采用软化退火处理（也称石墨化退火），即将铸件缓慢加热到800~950℃，保温2~5h，使渗碳体分解为石墨，然后随炉冷却到400~500℃出炉空冷。

3. 表面淬火

有些铸件，如机床导轨、气缸体内壁等，要求表面具有高的强度和耐磨性，应进行表面淬火，淬火后表面硬度可达50~55HRC。常用表面淬火方法有中（高）频感应加热表面淬火、火焰加热表面淬火和电接触加热表面淬火。

第三节　可锻铸铁

一、可锻铸铁的生产过程

可锻铸铁是由白口铸件，经高温长时间的石墨化退火而得到的一种团絮状石墨的铸铁。为了保证得到白口铸件，应适当地降低C和Si的含量，可锻铸铁的化学成分一般为：w_C = 2.2%~2.8%，w_{Si} = 1.2%~1.8%，w_{Mn} = 0.4%~1.2%，w_S≤0.2%，w_P≤0.1%。

可锻铸铁的石墨化退火工艺曲线如图7-4所示，即将白口铸件加热到900~980℃，使铸铁组织转变为奥氏体加渗碳体，然后在此温度下长时间保温，使渗碳体分解为团絮状石墨，这时组织为奥氏体加石墨。若冷却到共析转变温度附近，以极缓慢的冷却速度冷却，则可得到铁素体基体，如图7-4①所示；若快速冷却，则得到珠光体基体，如图7-4②所示。

二、可锻铸铁的组织和性能

由图7-4可见，根据石墨化退火工艺不同，可形成两种基体的可锻铸铁：一是铁素体基体可锻铸铁，即在铁素体基体上分布团絮状石墨，因其断口心部呈灰黑色，表层呈灰白色，故又称为黑心可锻铸铁，如图7-5a所示；二是珠光体可锻铸铁，即在珠光体基体上分布着团絮状石墨，如图7-5b所示。

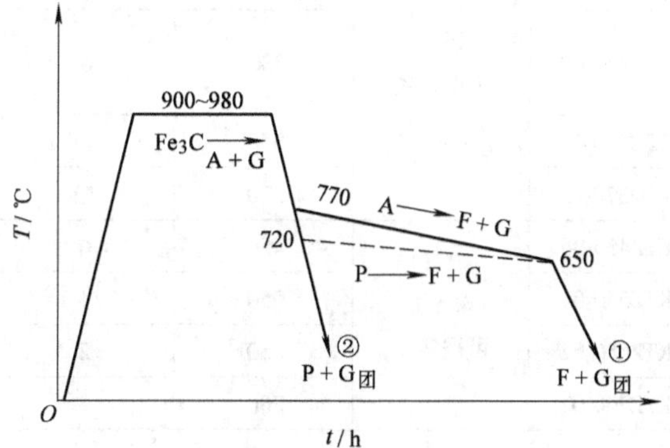

图7-4　可锻铸铁的石墨化退火工艺曲线

可锻铸铁的基体组织不同，其性能也不同。铁素体基体可锻铸铁具有一定的强度及较高的塑性和韧性；珠光体基体可锻铸铁具有较高的强度、硬度和耐磨性，但塑性和韧性较低。实际上可锻铸铁并不可以锻造加工。

三、可锻铸铁的牌号及应用

可锻铸铁的牌号由“可铁”两个字的汉语拼音字首“KT”加“H”或“Z”加两组数字组成，“H”和“Z”分别表示黑心可锻铸铁和珠光体可锻铸铁，两组数字依次表示最小抗拉强度和最小伸长率，如KTZ450-06表示最小抗拉强度为450MPa，最小伸长率为6%的珠光体可锻铸铁。

生产上常用可锻铸铁制造形状复杂、截面尺寸较薄、承受冲击载荷及强度和韧性要求较高的零件，广泛用于汽车、拖拉机等制造行业。常用可锻铸铁的牌号、力学性能及应用举例

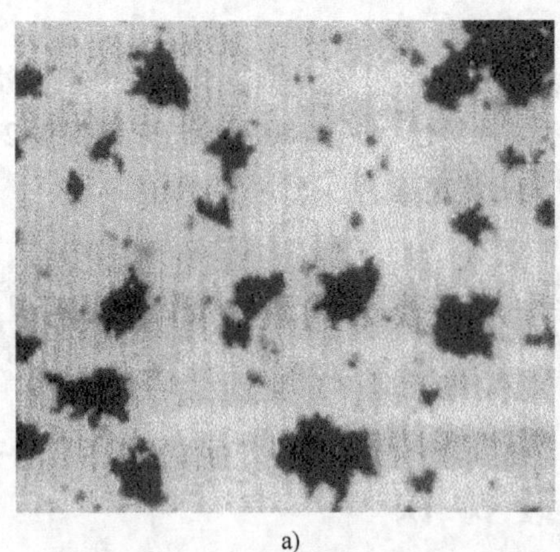

a)

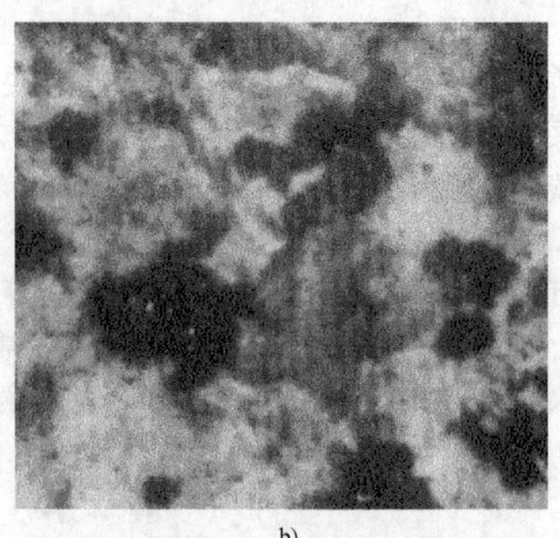

b)

图 7-5 可锻铸铁的显微组织

a）铁素体可锻铸铁 b）珠光体可锻铸铁

见表 7-2。

表 7-2 常用可锻铸铁的牌号、力学性能及应用举例

牌号	铸铁类别	最小抗拉强度/MPa	最小伸长率（%）	应用举例
KTH300-06	黑心可锻铸铁	300	6	适用于动、静载荷作用且要求气密性好的零件，如中低压阀门、管道配件等
KTH330-08		330	8	适用于中等动、静载荷的零件，如车轮壳、钢丝绳接头、机床用扳手等
KTH350-10		350	10	适用于承受较高冲击、振动及扭转载荷作用的零件，如汽车差速器、前后轮壳、转向节壳、制动器等
KTH370-12		370	12	
KTZ450-06	珠光体可锻铸铁	450	6	适用于承受较高载荷、耐磨损且要求有一定韧性的重要零件，如曲轴、凸轮轴、连杆、齿轮、活塞环、摇臂扳手等
KTZ550-04		550	4	
KTZ650-02		650	2	
KTZ700-02		700	2	

第四节 球墨铸铁

球墨铸铁是指在浇注前向铁液中加入少量球化剂，进行球化处理，使石墨呈球状析出而获得的铸铁。常用的球化剂有纯镁、镁合金及稀土镁合金等。

一、球墨铸铁的成分、组织和性能

1. 球墨铸铁的化学成分

球墨铸铁的化学成分要求较严，碳和硅的含量较高，而硫和磷的含量较低，以促进石墨化。球墨铸铁的化学成分一般为 $w_C=3.6\%$～3.9%，$w_{Si}=2.0\%$～3.2%，$w_{Mn}=0.6\%$～0.9%，$w_S\leqslant0.07\%$，$w_P\leqslant0.1\%$。

2. 球墨铸铁的组织

球墨铸铁按其基体组织不同，可分为铁素体球墨铸铁、铁素体-珠光体球墨铸铁、珠光体球墨铸铁和下贝氏体球墨铸铁。球墨铸铁的显微组织如图 7-6 所示。

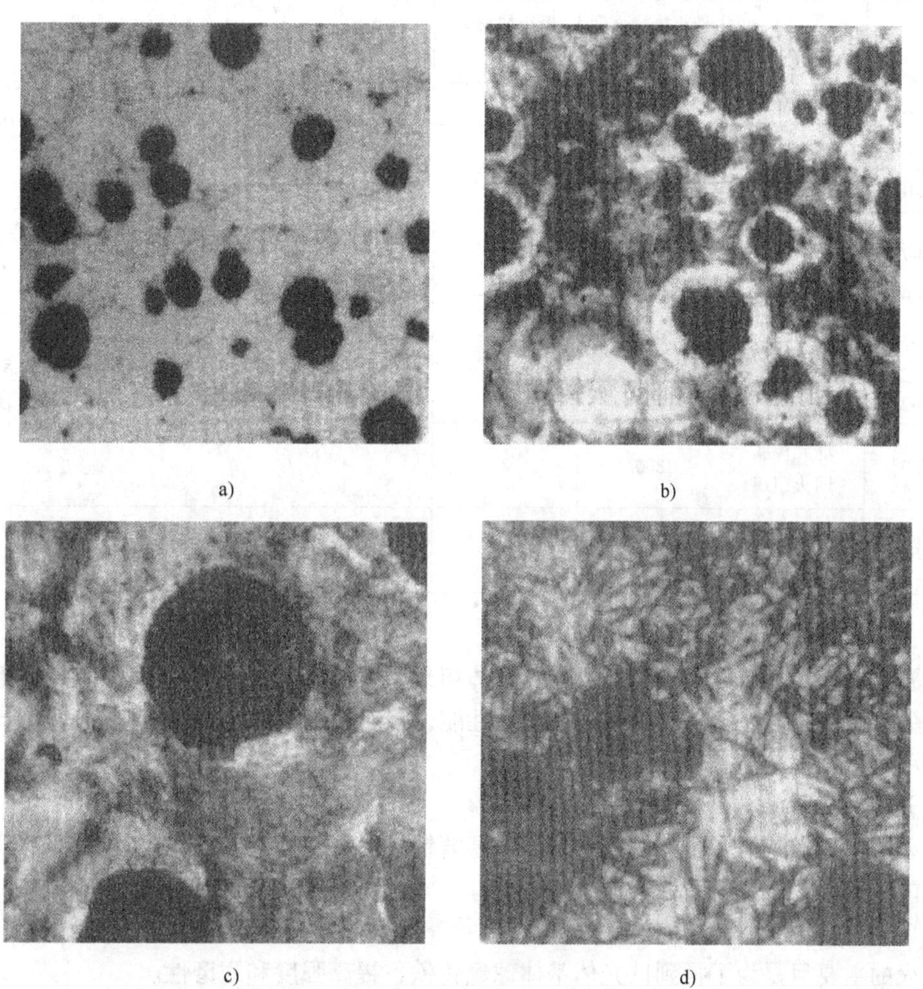

图 7-6　球墨铸铁的显微组织

a）铁素体球墨铸铁　b）铁素体-珠光体球墨铸铁

c）珠光体球墨铸铁　d）下贝氏体球墨铸铁

3. 球墨铸铁的性能

由于球墨铸铁中的石墨呈球状，其割裂金属基体和应力集中的作用明显降低，可以充分发挥金属基体的性能。所以球墨铸铁的强度、塑性和韧性远大于可锻铸铁和灰铸铁，相当于相同基体的铸钢。另外球墨铸铁还具有良好的铸造性能、减振性能、切削加工性能和热处理工艺性能。但球墨铸铁会产生某些铸造缺陷，如缩松与缩孔，所以球墨铸铁的熔炼工艺要求较高。

二、球墨铸铁的牌号及应用

球墨铸铁的牌号由“球铁”两个字的汉语拼音字首“QT”加两组数字组成，两组数字依次表示为最小的抗拉强度和最小的伸长率，如 QT400-18 表示最小抗拉强度为 400MPa，最小伸长率为18%的球墨铸铁。常用球墨铸铁的牌号、力学性能及应用举例见表7-3。

表7-3 常用球墨铸铁的牌号、力学性能及应用举例

牌号	基体组织	最小抗拉强度/MPa	最小伸长率（%）	应用举例
QT400-18	铁素体	400	18	适用于承受冲击振动的零件，如汽车差速器壳、轮毂、驱动桥壳、阀体
QT400-15	铁素体	400	15	
QT450-10	铁素体	450	10	
QT500-7	铁素体+珠光体	500	7	适用于内燃机的机油泵齿轮、传动轴、飞轮、铁路机车车辆的轴瓦等
QT600-3	铁素体+珠光体	600	3	适用于承受载荷大、受力复杂的零件，如柴油机曲轴、凸轮轴、连杆、气缸体、气缸套；部分磨床、铣床、车床的主轴、蜗轮、蜗杆等
QT700-2	珠光体	700	2	
QT800-2	珠光体或回火组织	800	2	
QT900-2	贝氏体或回火马氏体	900	2	适用于汽车螺旋齿轮、拖拉机减速器齿轮、内燃机凸轮轴等

三、球墨铸铁的热处理

球墨铸铁的性能在很大程度上取决于基体组织，而通过热处理是可以改变基体组织的，所以球墨铸铁常用热处理来改善和提高力学性能，且对钢进行的热处理工艺都适合于球墨铸铁。常用的热处理工艺有以下几种：

1. 退火

退火的主要目是为了得到铁素体基体球墨铸铁，提高塑性和韧性，改善切削加工性，消除残余内应力。

2. 正火

正火的主要目是为了得到珠光体基体球墨铸铁，提高强度和耐磨性。

3. 调质

调质的目的是为了得到回火索氏体球墨铸铁，获得良好的综合力学性能。一般用于制造连杆、曲轴等综合力学性能较高的零件。

4. 等温退火

等温退火的目的是为了得到下贝氏体球墨铸铁，以获得更高的综合力学性能。一般用于制造综合力学性能高、形状复杂、热处理易变形和开裂的零件，如凸轮轴、齿轮及滚动轴承等。

第五节 蠕墨铸铁

蠕墨铸铁是近代发展起来的一种铸铁材料。它是在一定成分的铁液中加入蠕化剂（如稀土镁钙合金、稀土镁钛合金）和孕育剂（如硅铁合金），经蠕化处理后，使石墨变为蠕虫状的高强度铸铁。

一、蠕墨铸铁的成分、组织和性能

1. 蠕墨铸铁的化学成分

蠕墨铸铁的化学成分与球墨铸铁相似，即高碳、低硫和磷。一般为 $w_C = 3.6\% \sim 3.9\%$，$w_{Si} = 2.1\% \sim 2.8\%$，$w_{Mn} = 0.4\% \sim 0.8\%$，$w_S \leqslant 0.1\%$，$w_P \leqslant 0.1\%$。

2. 蠕墨铸铁的组织

蠕墨铸铁的组织是蠕虫状石墨分布在各种基体上，蠕虫状石墨比片状石墨短，且头部较圆，形似蠕虫。所以蠕虫状石墨介于片状和球状之间，蠕虫状石墨的形态如图 7-7 所示。

蠕墨铸铁的基体与球墨铸铁相近，蠕墨铸铁按显微组织分有三种类型：铁素体蠕墨铸铁、铁素体-珠光体蠕墨铸铁和珠光体蠕墨铸铁。

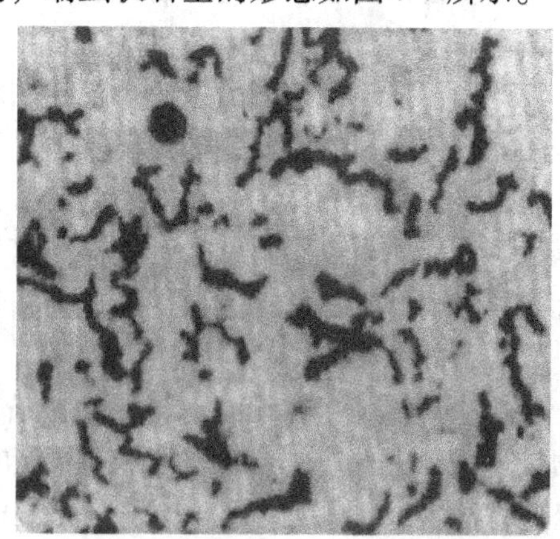

图 7-7 蠕墨铸铁中的石墨形态

3. 蠕墨铸铁的性能

蠕墨铸铁的性能介于灰铸铁和球墨铸铁之间，具有良好的综合力学性能。其抗拉强度、屈服点、伸长率和疲劳强度比灰铸铁高，接近于铁素体球墨铸铁；其减振性、导热性、耐磨性、切削加工性和铸造性优于球墨铸铁，与灰铸铁相近。

二、蠕墨铸铁的牌号及应用

蠕墨铸铁的牌号由“蠕铁”两个字的汉语拼音字首“RuT”加最小抗拉强度组成，如 RuT260 表示最小抗拉强度为 260MPa 的蠕墨铸铁。常用蠕墨铸铁的牌号、力学性能及应用举例见表 7-4。

表 7-4 常用蠕墨铸铁的牌号、力学性能及应用举例

牌号	基体组织	最小抗拉强度/MPa	最小伸长率(%)	应用举例
RuT260	铁素体	260	3.0	适用于冲击载荷及热疲劳的零件，如汽车底盘零件、增压器、废气进气壳体等
RuT300	铁素体+珠光体	300	1.5	适用于制造较高强度及承受热疲劳的零件，如排气管、气缸盖、液压件钢锭模等
RuT340	铁素体+珠光体	340	1.0	适用于制造较高强度和耐磨的零件，如飞轮、制动鼓、起重机卷筒等
RuT380	珠光体	380	0.75	适用于制造强度、耐磨性高的零件，如活塞环、制动盘、气缸套、玻璃模具等
RuT420	珠光体	420	0.75	

蠕墨铸铁主要用于制造承受热循环载荷、要求组织致密、强度较高、形状复杂的大型铸件，如机床立柱、气缸盖、进（排）气管、阀体等。

三、蠕墨铸铁的热处理

蠕墨铸铁在铸造状态时，基体中有大量的铁素体组织。退火可以增加铁素体的数量或消除铸件薄壁处的白口组织；正火可以增加基体中珠光体数量，提高强度和耐磨性。

第六节 合金铸铁

在铸铁中加入一定量的合金元素，使之具有较高的力学性能或某些特殊性能的铸铁，称为合金铸铁。常见的合金铸铁有耐磨铸铁、耐热铸铁和耐蚀铸铁。

一、耐磨铸铁

不易磨损的铸铁称为耐磨铸铁。按其工作条件可分为减摩铸铁和抗磨铸铁。

1. 减摩铸铁

减摩铸铁是指在润滑条件下工作的耐磨铸铁。它的组织是在软基体上分布着硬质点，如珠光体灰铸铁，其中铁素体是软基体，渗碳体为硬质点，而片状石墨起储油和润滑作用。为了进一步提高珠光体灰铸铁的耐磨性，提高磷的质量分数，可使耐磨性比普通灰铸铁高一倍以上，即形成了高磷铸铁。若在高磷铸铁中再加入适量 Cr、Mn、Cu 或微量的 V、Ti 和 B 等元素，则耐磨性更好。主要用于制造机床导轨、气缸套、活塞环及轴承等零件。

2. 抗磨铸铁

抗磨铸铁是指在无润滑、干摩擦条件下工作的耐磨铸铁。抗磨铸铁承受的载荷较大，磨损较严重，因此应具有均匀的高硬度和耐磨性的组织，如白口铸铁。普通白口铸铁虽然耐磨，但脆性大，若加入 Cu、Cr、Mo、V、B 等合金元素，可以提高耐磨性，改善韧性，从而形成了抗磨白口铸铁。抗磨白口铸铁主要用于制造犁铧、轧辊及球磨机磨球等零件。

二、耐热铸铁

铸铁在高温下会发生氧化和生长现象。氧化是指铸铁在高温下受氧化性气体的侵蚀，在铸铁表面产生氧化皮；生长是指铸铁在高温下产生不可逆的体积增大的现象，生长主要是由于氧化和石墨化引起的。热生长的结果使铸铁尺寸精度降低和产生裂纹。

为了提高铸铁的耐热性能，可向铸铁中加入 Si、Al、Cr 等合金元素，使铸铁表面在高温下能形成一层致密的 SiO_2、Al_2O_3、Cr_2O_3 等氧化膜，阻止氧化性气体渗入铸铁内部引起氧化；另外，这些合金元素还可以提高铸铁的相变点，使铸铁在使用范围内不致发生相变，以抑制铸铁的生长和微裂纹的产生。

常用的耐热铸铁有硅铸铁、高铬铸铁、镍铬铸铁和镍铬球墨铸铁等。因耐热铸铁具有良好的耐热性，因此广泛用来代替耐热钢制造耐热零件，如加热炉炉底板、热交换器及坩埚等。

三、耐蚀铸铁

耐蚀铸铁具有较高的耐腐蚀性能，一般含有 Si、Al、Cr、Ni、Cu 等合金元素，使铸铁表面形成一层致密稳定的保护膜，阻止铸铁表面进一步被腐蚀，并可以提高铸铁基体的电极电位，提高铸铁的耐蚀性。

常用的耐蚀铸铁有高硅耐蚀铸铁、高铝耐蚀铸铁和高铬耐蚀铸铁等。目前应用广泛的是高硅耐蚀铸铁，这种铸铁在含氧酸类（如硝酸、硫酸）中具有良好的耐腐蚀性，因此广泛用于化工机械中，如制造阀门、管道、耐磨泵、盛储器等。

本章小结

本章主要介绍了铸铁的分类、组织、性能和应用。在学习中应特别注意理解各种铸铁的组织特征与性能之间的关系，注重理论与实践紧密联系，多列举一些日常生产和生活中应用铸铁材料的实例，分析其组织和性能，以便很好地理解和巩固不同铸铁之间的性能差别与应用。

复习思考题

一、名词解释

1. 铸铁 2. 白口铸铁 3. 灰铸铁 4. 可锻铸铁 5. 球墨铸铁 6. 合金铸铁

二、填空题

1. 根据铸铁中碳的存在形式，可将铸铁分为________、________和________。

2. 根据石墨的存在形态，可将灰铸铁分为________、________、________和________。

3. 影响石墨化的因素较多，其中________和________是影响石墨化主要因素。

4. 铸铁中含有碳、硅、硫、锰、磷等元素，其中________和________的质量分数越大，越有利于形成石墨；而________和________是强烈阻碍石墨化的元素。

5. 虽然石墨降低了灰铸铁的________，但灰铸铁具有良好的________、________、________、________及低的________。

6. 可锻铸铁是由________，经高温长时间的________而得到的一种________状石墨的铸铁。

7. 球墨铸铁的________、________、________远大于可锻铸铁和灰铸铁，相当于相同基体的铸钢。

8. 常用的合金铸铁有________、________和________。

三、选择题

1. 铸铁中碳以石墨形态析出的过程称为________。

A. 变质处理 B. 石墨化 C. 球化处理

2. 为了提高灰铸铁的表面硬度和耐磨性，采用________方法效果较好。

A. 渗碳淬火加低温回火 B. 等温淬火 C. 电接触加热表面淬火

3. 球墨铸铁经________可获得铁素体基体组织，经________可获得珠光体基体组织，经________可获得下贝氏体基体组织。

A. 等温淬火 B. 正火 C. 退火

4. 选择制造下列零件的材料：机床床身________，汽车后桥外壳________，柴油机曲轴________，排气管________。

A. HT100 B. QT500-05 C. KTH350-10 D. RuT300

四、问答题

1. 什么是石墨化？简述石墨化的影响因素。

2. 试述灰铸铁中片状石墨对铸铁性能的影响。

3. 什么是孕育处理？经孕育处理后铸铁的性能有何变化？

4. 简述可锻铸铁的生产过程。

5. 球墨铸铁可采用哪些热处理方法？其目的是什么？

6. 解释下列牌号中数字和字母的含义。

HT100 KTH350-10 KTZ500-04 QT600-02 RuT420

第八章　非铁金属及硬质合金

学习目标　了解铝及铝合金、铜及铜合金、钛及钛合金、轴承合金及硬质合金的牌号、性能及用途。重点掌握铝合金、铜合金、硬质合金的牌号、性能及主要用途。

通常把铁或以铁为主而形成的合金称为铁金属，也称为黑色金属；而把除铁金属以外的金属及其合金称为非铁金属，也称为有色金属。非铁金属由于冶炼困难，成本较高，其产量和使用量不如铁金属大。但是，非铁金属具有某些特殊的物理和化学性能，如良好的导电性和导热性、较低的熔点和密度等，因此非铁金属已成为现代工业，特别是国防工业不可缺少的金属材料，广泛用于机械制造、航空、航海、汽车及化工等部门。

非铁金属的种类很多，常用的有铝及铝合金、铜及铜合金、钛及钛合金、轴承合金及硬质合金。

第一节　铝及铝合金

铝及铝合金是非铁金属中应用最广泛的一类金属材料，其产量仅次于钢铁材料，广泛用于电气、车辆、化工及航空等部门。

根据新国家标准《变形铝及铝合金牌号表示方法》中规定，我国铝及铝合金牌号采用国际四位数字体系牌号和四位字符体系牌号两种命名方法。化学成分已在国际牌号注册组织中注册命名的铝及铝合金，直接采用四位数字体系牌号；国际牌号注册组织中未命名的，则按四位数字符体系牌号命名。两种牌号命名方法的区别仅在于第二位。牌号第一位数字表示铝及铝合金的组别，见表8-1；牌号第二位数字（国际四位数字体系）或字母（四位字符体系，除C、I、L、N、P、Z外）表示原始纯铝或铝合金的改型情况，数字0或字母A表示原始合金，如果是1~9或B~Y中的一个，则表示对原始合金的改型情况；最后两位数字用以标识同一组中不同的合金，对于纯铝则表示铝的最小质量分数中小数点后面的两位数。

表8-1　铝及铝合金的组别表示方法

牌　号	组　别
1xxx	纯铝（铝的质量分数大于99.00%）
2xxx	以铜为主要合金元素的铝合金
3xxx	以锰为主要合金元素的铝合金
4xxx	以硅为主要合金元素的铝合金
5xxx	以镁为主要合金元素的铝合金
6xxx	以镁和硅为主要合金元素的铝合金
7xxx	以锌为主要合金元素的铝合金
8xxx	以其他元素为主要合金元素的铝合金
9xxx	备用合金组

一、铝

1. 铝的性能

纯铝是铝的质量分数不低于99%的一种银白色的金属，具有面心立方晶格，无同素异构转变。其性能是：

1）密度小（2.7g/cm^3），仅为铁的1/3，是一种轻金属。熔点为660℃。

2）导电、导热性好，仅次于银、铜。

3）在大气中具有良好的耐蚀性。其表面易形成一层 Al_2O_3 薄膜，能防止金属进一步氧化。

4）塑性好（$\delta=50\%$，$\psi=80\%$），强度低（$\sigma_b=80\sim100$MPa）纯铝不能用热处理强化，而变形强化是提高纯铝强度的重要手段。

2. 纯铝的牌号及应用

根据GB/T16474—1996《变形铝及铝合金牌号表示方法》的规定，纯铝牌号用1×××四位数字、字符组合系列表示。牌号中后两位数字表示最小铝的质量分数，当最小铝的质量分数精确到0.01%时，则这两位表示最小铝的质量分数中小数点后面的两位。例如，1070表示 $w_{Al}=99.70\%$。常用工业纯铝的牌号、化学成分及应用举例见表8-2。

表8-2　常用工业纯铝的牌号、化学成分及应用举例

牌　号	化学成分 w_i（%）		应用举例	旧牌号
	铝	杂质总量		
1070	99.70	0.30	电容、电子管隔离罩、电缆、导电体、装饰品等	L1
1060	99.60	0.40		L2
1050	99.50	0.50		L3
1035	99.35	0.65		L4
1200	99.00	1.00	电缆保护套管、仪表零件、垫片、装饰品等	L5

纯铝主要用于配制各种铝合金，代替铜制作电线、电缆及电器元件，另外还可制作要求质轻、导热、耐大气腐蚀而强度不高的构件。

二、铝合金

铝合金是在纯铝的基础上，加入适量的Cu、Mg、Si、Mn、Zn等合金元素，即形成了铝合金。铝合金经过冷变形加工和热处理后，其强度明显提高，抗拉强度可达500MPa以上。

（一）铝合金的分类

根据铝合金的化学成分和工艺特点不同可分为变形铝合金和铸造铝合金两大类。

如图8-1所示为二元铝合金相图。由图可见，*D*点是合金元素在铝中的最大溶解度，*DF*线是合金元素在铝中的溶解度曲线。当合金元素的总质量分数低于*D*点成分时，加热到*DF*线温度以上，能形成单相α固溶体组织，此时

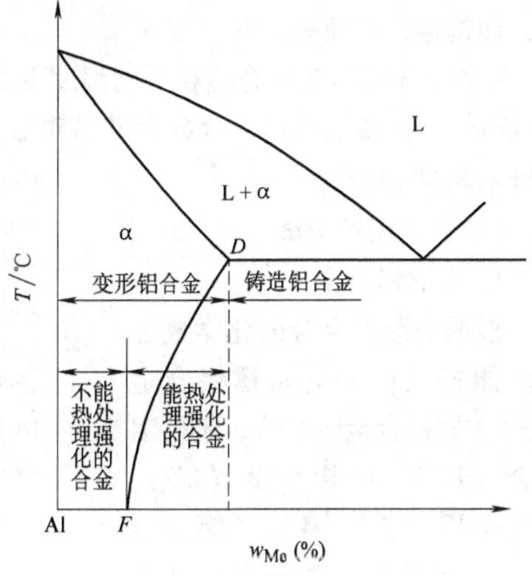

图8-1　铝合金相图的一般形式

铝合金具有较高的塑性，适于压力加工，故称为变形铝合金；而合金元素的总质量分数超过 D 点成分时，此铝合金在室温下具有共晶组织，适于铸造成形，故称为铸造铝合金。另外在 F 点成分以左的铝合金，由于其组织不随温度而变化，不能用热处理强化，故称为不能热处理强化铝合金；在 F 点成分以右的变形铝合金，由于其单相 α 固溶体可随温度改变而变化，能用热处理强化，故称为能热处理强化铝合金。

（二）铝合金的热处理

在图 8-1 中，能热处理强化铝合金加热到 α 相区，经保温后，在水中快速冷却，这种热处理称为固溶处理。由于此时室温下得到的过饱和 α 固溶体是不稳定的，在室温下放置或低温加热时，这种 α 固溶体将逐渐向稳定状态转变，使强度和硬度明显提高，而塑性下降，这种合金性能随时间而改变的现象称为时效。

在室温下进行的时效称为自然时效；而在加热条件下进行的时效称为人工时效。例如，$w_{Cu}=4\%$ 的铝合金，在退火状态下，$\sigma_b=200\text{MPa}$，若经 4 ~ 5 天自然时效后，$\sigma_b=420\text{MPa}$，如图 8-2 所示。

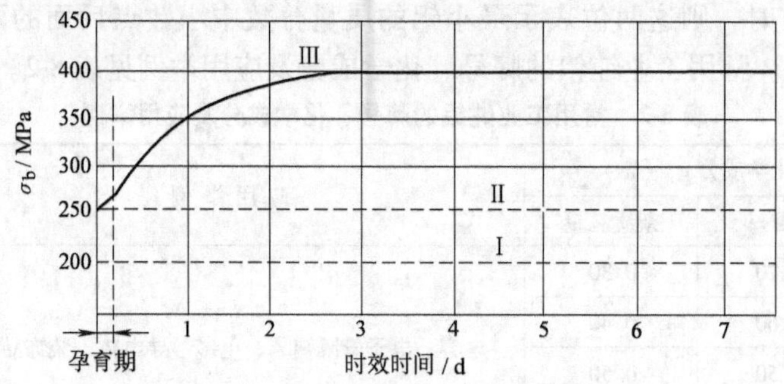

图 8-2　$w_{Cu}=4\%$ 的铝合金自然时效曲线

Ⅰ—退火状态　Ⅱ—淬火状态　Ⅲ—时效状态

从图 8-2 还可以看出，自然时效过程是一个逐渐变化的过程。在时效的初级阶段，铝合金的强度、硬度变化不大，而塑性较好，此阶段为孕育期（一般为 2h），可进行冷变形加工，如铆接、弯曲等。

如图 8-3 所示为铝合金在不同温度下的人工时效曲线。由图可见，时效温度越高，时效过程越快。但温度过高，合金会出现软化现象，称为过时效处理，生产上应避免，一般时效温度不超过 150℃。

（三）常用铝合金

1. 变形铝合金

根据变形铝合金的化学成分和性能特点可分为防锈铝合金（LF）、硬铝合金（LY）、超硬铝合金（LC）、锻铝合金（LD）。其代号用“铝”字和“铝合金类别”首字汉语拼音字首（即 F、Y、C、D）加顺序号表示。

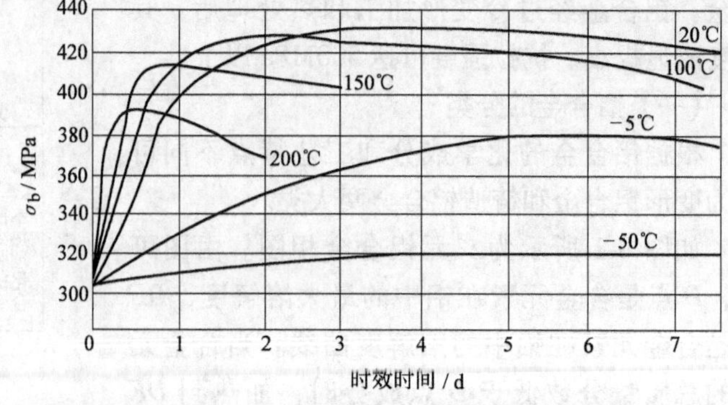

图 8-3　$w_{Cu}=4\%$ 的铝合金在不同温度下的时效曲线

例如 LF21 表示 21 号防锈铝合金；LY11 表示 11 号硬铝合金。常用变形铝合金的牌号、性能及应用举例见表 8-3。

表 8-3　常用变形铝合金的牌号、力学性能及应用举例

类别	旧牌号	新牌号	状态	σ_b /MPa	δ (%)	应用举例
防锈铝	LF2	5A02	退火	≤245	12	油管、油箱、液压容器、焊接件、冷冲压件、防锈蒙皮等
	LF21	3A21	退火	≤185	16	
硬铝	LY11	2A11	退火	≤245	12	螺栓、铆钉、空气螺旋桨叶片等
	LY12	2A12	淬火＋自然时效	390～440	10	飞机上骨架零件、翼梁、铆钉等
超硬铝	LC4	7A04	退火	≤245	10	飞机大梁、桁条、加强框、起落架等
锻铝	LD5	2A50	淬火＋人工时效	353	12	压气机叶轮及叶片、内燃机活塞、在高温下工作的复杂锻件等
	LD7	2A70	淬火＋人工时效	353	8	

（1）防锈铝合金　防锈铝合金是 Al-Mn 系、Al-Mg 系合金。属于不能热处理强化铝合金，常用冷变形加工方法来强化。这类铝合金具有良好的耐蚀性，优良的塑性和焊接性，强度不高，常用于制造要求耐蚀性高的油罐、容器、防锈蒙皮等。

（2）硬铝　硬铝主要是指 Al-Cu-Mg 系合金。这类合金通过固溶处理和时效处理以获得高强度、硬度，但耐蚀性低于纯铝，特别不耐海水腐蚀。通常硬铝板材表面包覆一层纯铝来提高其耐蚀性。主要用于制造中等强度的零件（如铆钉、螺栓）及航空工业中的构件（如螺旋桨叶片）。

（3）超硬铝　超硬铝为 Al-Cu-Mg-Zn 系合金。它是在硬铝基础上加合金元素 Zn 制成的。这类合金经固溶和时效处理后，强度高于硬铝合金，是室温条件下强度最高的一类铝合金，但耐蚀性较差。主要用于制造飞机上受力较大、要求强度较高的结构件，如飞机大梁、桁架、起落架等。

（4）锻铝　锻铝是 Al-Cu-Mg-Si 系铝合金。这类铝合金的性能与硬铝相近。在加热状态下具有良好的塑性，适于热压力加工。锻后经热处理，具有良好的力学性能，主要用于制造航空和仪表中的中等强度、形状复杂零件，如压气机叶轮、叶片等。

2. 铸造铝合金

铸造铝合金具有良好的铸造性。按所加入的合金元素不同，铸造铝合金可分为铝-硅系（代号 1）、铝-铜系（代号 2）、铝-镁系（代号 3）、铝-锌系（代号 4）等四类。

铸造铝合金的代号由“铸铝”二字的汉语拼音字首“ZL”加三位数字表示，第一位数字表示铸造铝合金的类别，第二位、第三位表示合金的顺序号，例如 ZL102 表示 2 号铝-硅系铸造铝合金。

铸造铝合金的牌号由“铸”字的汉语拼音字首“Z”加铝和主要合金元素符号及其平均质量分数组成，例如，ZAlSi12 表示 $w_{Si}=12\%$ 的铸造铝合金。常用铸造铝合金的牌号（代号）、力学性能及应用举例见表 8-4。

表 8-4　常用铸造铝合金的牌号、力学性能及应用举例

牌号	代号	状态	σ_b /MPa	δ (%)	硬度 HBW	应用举例
ZAlSi7Mg	ZL101	金属型铸造、固溶+不完全人工时效	205	2	60	形状复杂的零件，如飞机及仪表零件、抽水机壳体等
ZAlSi12	ZL102	金属型铸造、铸态	155	2	50	工作在200℃以下的高气密性和低载荷零件，如仪表、水泵壳体等
ZAlSi12Cu2Mg1	ZL108	金属型铸造固溶+完全人工时效	255	—	90	要求高温强度及低膨胀系数的内燃机活塞、耐热件等
ZAlCu5Mn	ZL201	砂型铸造、固溶+自然时效	295	8	70	在175~300℃以下工作的零件，如内燃机气缸头、活塞等
ZAlMg10	ZL301	砂型铸造、固溶+自然时效	280	10	60	在大气或海水中工作的零件，承受大振动载荷、工作温度低于200℃的零件，如氨用泵体、船用配件等
ZAlZn11Si7	ZL401	金属型铸造、人工时效	245	1.5	90	工作温度低于200℃、形状复杂的汽车、飞机零件、仪表零件及日用品等

(1) 铝硅合金　铝硅合金是最常用的铝合金，俗称硅铝明。ZAlSi12是最典型的铝硅合金，其位于Al-Si合金相图中共晶成分附近，其铸态组织为共晶体，如图8-4所示为变质处理前的显微组织。硅呈粗大针状，抗拉强度低（$\sigma_b=130\sim140\text{MPa}$），塑性也较差（$\delta=1\%\sim2\%$）。通过变质处理后，硅晶体变为细小颗粒状组织，同时变质剂使相图共晶点向下右方移动，如图8-5所示。变质处理后的组织为亚共晶组织，如图8-6所示，其中白亮色为先晶α固溶体，暗黑色基体为细颗粒状共晶体。变质处理后的力学性能得到提高，$\sigma_b=180\text{MPa}$，$\delta=8\%$。

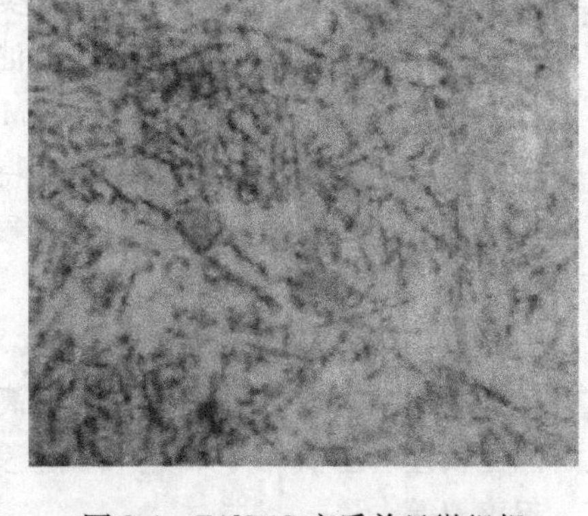

图8-4　ZAlSi12变质前显微组织

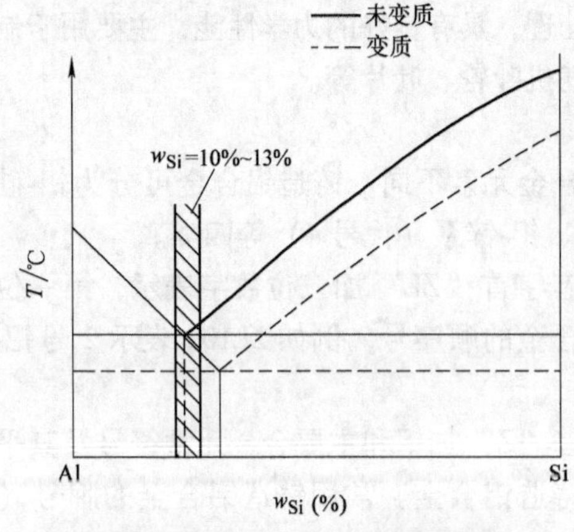

图8-5　变质剂对Al-Si相图的影响

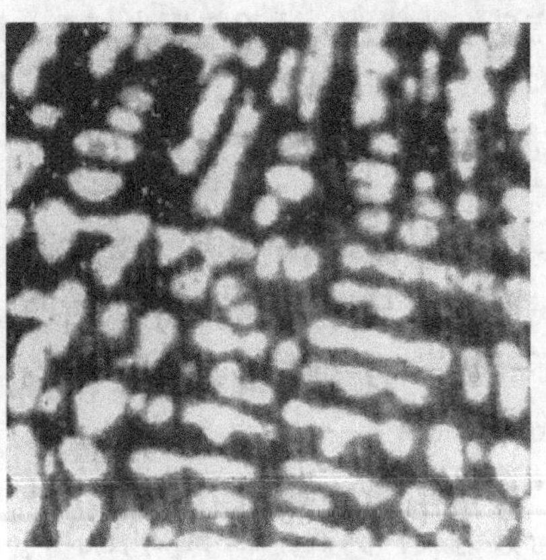

图8-6　ZAlSi12变质后显微组织

铝硅合金主要用于耐腐蚀、形状复杂及有一定性能要求的零件，如气缸体、活塞、风扇叶片等。

（2）铝铜合金　铝铜系铸造铝合金强度较高，加入镍、锰可提高其耐热性能，制造高强度或高温条件下工作的零件，如内燃机气缸、活塞等。ZAlCu5Mn 是典型的铸造铝铜合金。

（3）铝镁合金　铝镁系铸造铝合金具有良好的耐蚀性，适于制造在腐蚀介质条件下工作的零件，如泵体、船舰配件或在海水中工作的构件等。ZAlMg10 是典型的铸造铝镁合金。

（4）铝锌合金　铝锌系铸造铝合金具有较高的强度，价格便宜，适于制造医疗器械、仪表零件、飞机零件和日常用品等。ZAlZn11Si7 是典型的铸造铝锌合金。

第二节　铜及铜合金

一、铜

1. 纯铜的性能

纯铜呈紫红色，具有面心立方晶格，无同素异构转变。其性能特点如下：

1）纯铜的密度为 $8.96\mathrm{g/cm^3}$，熔点为1083℃。

2）导电性和导热性好，仅次于金和银，是最常用的导电、导热材料。

3）耐大气腐蚀性能良好。

4）具有良好的塑性（$\delta=45\%\sim50\%$），容易进行冷、热压力加工，强度和硬度较低（$\sigma_b=230\sim250\mathrm{MPa}$）。通过冷变形加工可以使铜得到强化（$\sigma_b=400\sim500\mathrm{MPa}$）。

2. 纯铜的代号及应用

根据国家标准，工业纯铜的代号用“铜”的汉语拼音字首“T”加顺序号表示。顺序号越大，表示纯度越低。铜中常含有铅、铋、氧、硫、砷等元素，质量分数约为 0.05% ~ 0.3%。纯铜主要用于制造电线、电缆、电子元件和配置铜合金。纯铜的代号、化学成分及应用举例见表 8-5。

表 8-5　纯铜的代号、化学成分及应用举例

类别	代号	化学成分 w_i（%）		应用举例
		铝	杂质总量	
纯铜	T1	99.95	0.05	导电、导热、耐腐蚀器具材料，如电线、蒸发器、雷管、贮藏器等
	T2	99.90	0.10	
	T3	99.70	0.30	
无氧铜	TU1	99.97	0.03	电真空器件、高导电性导线等
	TU2	99.95	0.05	

二、铜合金

工业上广泛采用铜合金。常用的铜合金有黄铜、白铜和青铜。

1. 黄铜

黄铜是以锌为主加元素的铜合金。按其化学成分可分为普通黄铜和特殊黄铜。

（1）普通黄铜　普通黄铜是由铜和锌组成的二元合金。它又可分为单相黄铜和双相黄铜两类。当锌的质量分数小于 39% 时，锌全部溶于铜中形成 α 固溶体，即为单相黄铜。单相黄铜塑性好，适于冷、热压力加工，其显微组织如图 8-7 所示；当锌的质量分数大于 39%时，组织中还会出现以化合物 CuZn 为基体的 β′固溶体，即由 α + β′组成的双相黄铜，其显微组织如图 8-8 所示。随锌的质量分数增大，强度增加，而塑性下降，但当加热到 460℃以上时，具有良好的塑性，可以进行热变形加工。

图 8-7　单相黄铜的显微组织

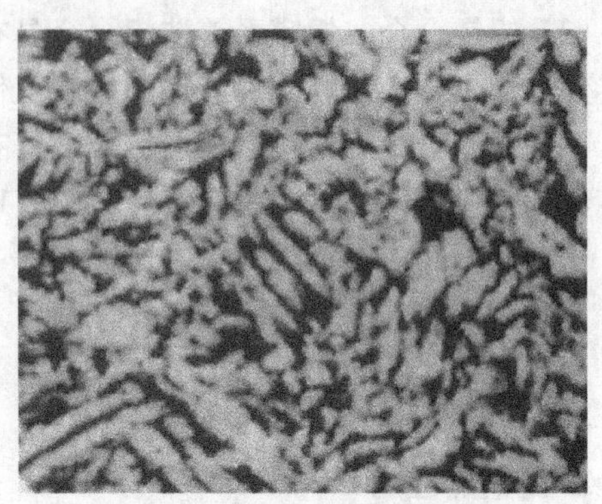

图 8-8　双相黄铜的显微组织

当锌的质量分数超过 45% 时，因组织全部为 β′单相，强度、塑性很差，无实用价值。普通黄铜的锌的质量分数对黄铜力学性能的影响如图 8-9 所示。

普通黄铜的牌号用“黄”字汉语拼音字首“H”加一组数字表示，一组数字表示铜的平均质量分数的百分之几。例如，H90 表示铜的平均质量分数为 90%，余量为锌的普通黄铜。

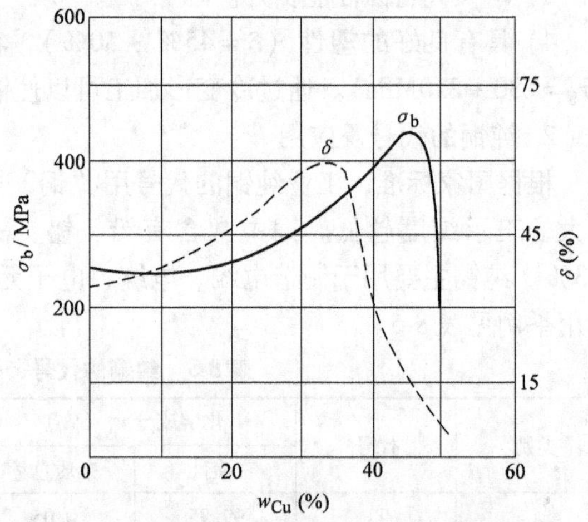

图 8-9　普通黄铜的锌的质量分数对黄铜力学性能的影响

(2) 特殊黄铜　特殊黄铜是在普通黄铜的基础上加入其他合金元素所组成的多元合金。通常加入合金元素锡、硅、锰、铅和铝等，依次称这些特殊黄铜为锡黄铜、硅黄铜、锰黄铜、铅黄铜和铝黄铜。合金元素可以改善和提高铜合金的性能，如锰、硅、铝、锡能提高黄铜的耐蚀性，铅可以改善黄铜的切削加工性，硅还可以提高黄铜的强度、硬度和耐磨性。

特殊黄铜的牌号是在“H”后面加除锌以外的主要合金元素的符号及铜和主要合金元素的质量分数的百分数。例如，HPb59—1 表示 $w_{Cu}=59\%$，$w_{Pb}=1\%$，余量为锌的铅黄铜。特殊黄铜具有良好的切削加工性，常用于制造各种结构零件，如销、螺钉、螺母、垫圈等。

铸造黄铜具有良好的铸造性。铸造黄铜的牌号是在“ZCu”后面加主要合金元素符号及其平均质量分数的百分数。例如，ZCuZn38 表示 $w_{Zn}=38\%$，余量为铜的铸造黄铜。常用黄铜的牌号、力学性能及应用举例见表 8-6。

2. 青铜

青铜是指除黄铜、白铜（以镍为主加元素的铜合金）以外的铜合金。按主加元素不同分为锡青铜、铝青铜、铍青铜和铅青铜等。其中锡青铜是最常见的青铜。

表 8-6　常用黄铜的牌号、力学性能及应用举例

<table>
<tr><th>类别</th><th>牌号</th><th>状态</th><th>σ_b /MPa</th><th>δ (%)</th><th>硬度 HBW</th><th>应用举例</th></tr>
<tr><td rowspan="3">普通黄铜</td><td>H90</td><td rowspan="7">退火</td><td>260</td><td>45</td><td>53</td><td>双金属片、冷凝管、散热器、艺术品、证章等</td></tr>
<tr><td>H68</td><td>320</td><td>55</td><td>—</td><td>弹壳、波纹管、散热器外壳、冲压件等</td></tr>
<tr><td>H62</td><td>330</td><td>49</td><td>56</td><td>螺钉、螺母、垫圈、弹簧、铆钉等</td></tr>
<tr><td rowspan="4">特殊黄铜</td><td>HPb59-1</td><td>400</td><td>45</td><td>44</td><td>螺钉、螺母、轴套等冲压件或加工件等</td></tr>
<tr><td>HSn90-1</td><td>280</td><td>45</td><td>—</td><td>弹性套管、船舶用零件等</td></tr>
<tr><td>HAl59-3-2</td><td>380</td><td>50</td><td>75</td><td>船舶、电动机及其他在常温下工作的高强度、化学性能稳定的零件</td></tr>
<tr><td>HMn58-2</td><td>400</td><td>40</td><td>85</td><td>船舶及弱电流用零件</td></tr>
<tr><td rowspan="4">铸造黄铜</td><td>ZCuZn38</td><td rowspan="4">砂型铸造</td><td>295</td><td>30</td><td>60</td><td>螺母、法兰、手柄、阀体等</td></tr>
<tr><td>ZCuZn33Pb2</td><td>180</td><td>12</td><td>50</td><td>仪器、仪表的壳体及构件等</td></tr>
<tr><td>ZCuZn40Mn2</td><td>345</td><td>20</td><td>80</td><td>在淡水、海水及蒸汽中工作的零件，如阀体、管道接头</td></tr>
<tr><td>ZCuZn25Al6Fe3Mn3</td><td>600</td><td>18</td><td>160</td><td>蜗轮、滑块、螺栓等</td></tr>
</table>

青铜的牌号用“青”字汉语拼音字首“Q”加主要合金元素符号及其质量分数和其他合金元素的质量分数的百分数。例如，QSn4—3 表示 $w_{Sn}=4\%$，$w_{Zn}=3\%$，其余为铜的青铜。常用青铜的牌号、力学性能及应用举例见表 8-7。

表 8-7　常用青铜的牌号、力学性能及应用举例

<table>
<tr><th>牌号</th><th>状态</th><th>σ_b /MPa</th><th>δ (%)</th><th>硬度 HBW</th><th>应用举例</th></tr>
<tr><td>QSn4—3</td><td rowspan="5">退火</td><td>350</td><td>40</td><td>60</td><td>弹性元件、管道配件、化工机械中的耐磨零件及抗磁零件</td></tr>
<tr><td>QSn6.5—0.1</td><td>350~450</td><td>60~70</td><td>70~90</td><td>弹簧、接触片、振动片、精密仪器中的耐磨零件等</td></tr>
<tr><td>QAl7</td><td>470</td><td>3</td><td>70</td><td>重要用途的弹簧及其他弹性元件等</td></tr>
<tr><td>QAl9—4</td><td>550</td><td>4</td><td>110</td><td>轴承、蜗轮、螺母及在蒸汽、海水中工作的高强度、耐蚀零件等</td></tr>
<tr><td>QBe2</td><td>500</td><td>3</td><td>84</td><td>重要的弹性元件、耐磨零件及高速、高压和高温下工作的轴承等</td></tr>
<tr><td>ZCuSn10Pb1</td><td rowspan="2">砂型铸造</td><td>200</td><td>3</td><td>80</td><td>重载荷、高速度的耐磨零件，如轴承、轴套、蜗轮等</td></tr>
<tr><td>ZCuPb30</td><td>—</td><td>—</td><td>—</td><td>高速双金属轴瓦等</td></tr>
</table>

（1）锡青铜　锡青铜是以锡为主要合金元素的铜合金。锡的质量分数对锡青铜的组织和性能有很大影响。如图 8-10 所示，当锡的质量分数小于 5%～6% 时，锡溶于铜中形成单相 α 固溶体，随锡的质量分数增大，锡青铜的强度和塑性提高，适于冷、热压力加工；当锡的

质量分数大于5% ~6%时，合金中出现了硬而脆的以化合物 $Cu_{31}Sn_8$ 为基体的δ相固溶体，使强度继续提高，而塑性显著下降，此时只适于铸造加工；而当锡的质量分数大于20%时，由于δ相偏多，使合金脆性增大，强度也会迅速下降，此时铜合金无实用价值。故工业用锡青铜中锡的质量分数一般为3% ~14%范围内。

锡青铜具有良好的耐磨性，在大气、海水中的耐蚀性比黄铜好，广泛用于制造耐蚀零件，如仪表中的弹性元件、机器中的轴承等；铸造锡青铜的流动性差，铸件的致密度不高，但它是非铁金属中收缩率最小的合金，无磁性和冷脆现象。故适于制造形状复杂、致密度要求不高、耐磨、耐蚀的零件，如滑动轴承、蜗轮、齿轮等。

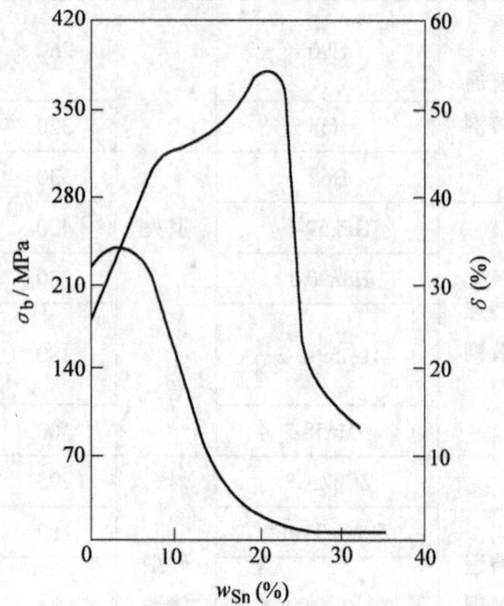

图8-10　锡的质量分数对锡青铜组织和力学性能的影响

（2）铝青铜　铝青铜是以铝为主加合金元素的铜合金。铝青铜具有比黄铜和锡青铜更好的耐蚀性、耐磨性、耐疲劳性和强度等。主要用于制造强度、耐磨性和耐蚀性要求较高的零件，如齿轮、蜗轮、轴套等。

（3）铍青铜　铍青铜是以铍为主加合金元素的铜合金。铍的质量分数约为1.6% ~2.5%。具有高的强度和硬度、耐磨性和耐蚀性、导电性和导热性，经人工时效后强度可达1400MPa，硬度可达350 ~400HBW。突出优点是具有很高的弹性极限和疲劳强度，是一种综合性能较高的结构材料。主要用于制造精密仪器、仪表中各种重要弹性零件、耐磨性及耐蚀性要求高的零件。但铍青铜价格较贵，工艺复杂，在使用上受到限制。

*第三节　钛及钛合金

钛及钛合金是一种新型的结构材料。钛具有密度小，强度高，耐高温，耐腐蚀以及资源丰富等特点，因此钛合金已经广泛用于航天、化工、造船及国防工业等部门，并逐渐应用于日常用品。

一、钛

纯钛是银白色的金属，密度为4.508g/cm³，熔点为1677℃，热膨胀系数小。纯钛塑性好，强度低，容易加工成形，可制成细丝和薄片。钛还具有良好的耐蚀性，在海水和水蒸气中的耐腐蚀能力比铝合金、不锈钢及镍合金高。

钛有两种同素异晶体，即在882℃以下为密排六方晶格，称为α-Ti；在882℃以上为体心立方晶格，称为β-Ti。

工业纯钛的代号用“TA”加顺序号表示，例如，TA2表示2号工业纯钛。一般顺序号越大，表示纯度越低。工业纯钛的牌号、力学性能及应用举例见表8-8。

二、钛合金

钛合金是以钛为基体，主要加入铝、锡、铬、钼、钒、铁等合金元素而形成的合金。按使用时的组织状态不同可分为 α 型钛合金、β 型钛合金、α + β 型钛合金三种。

表 8-8 工业纯钛的牌号、力学性能及应用举例

牌号	σ_b/MPa	δ（%）	ψ（%）	应用举例
TA1	343	25	50	机械：在 350℃以下工作的受力较小的零件、冲压件、气阀等
TA2	441	20	40	造船：耐海水腐蚀的管道、阀门、柴油机活塞、连杆等
TA3	539	15	35	航空：飞机骨架、发动机部件等 化工：热交换器、搅拌器等

钛合金的牌号用“钛”字的汉语拼音字首“T”加合金类别代号加顺序号表示。合金类别代号 A、B、C 分别表示 α 型钛合金、β 型钛合金、α + β 型钛合金。例如，TA6 表示 6 号 α 型钛合金；TC4 表示 4 号 α + β 型钛合金。

1. α 型钛合金

α 型钛合金中主要加入合金元素铝和锡。这类合金在退火状态下为 α 固溶体组织，不能用热处理强化。α 型钛合金在室温下强度比其他钛合金低。但在 500 ~ 600℃高温条件下，具有高的强度，良好的塑性及焊接性，并且组织稳定。

2. β 型钛合金

β 型钛合金中主要加入铬、钼、钒等合金元素。这类合金淬火后得到 β 固溶体组织，具有较高的抗拉强度，良好的塑性和焊接性，但其生产工艺复杂，故应用较少。

3. α + β 型钛合金

α + β 型钛合金中含有铝、锡、铬、钼、钒等合金元素。这类合金可以通过淬火热处理加时效处理得到强化。其力学性能范围广，可适应各种不同用途。其中钛-铝-钒合金（TC4）应用最广，具有较高的强度和良好的塑性。在 400℃以下使用时，具有较高的强度、良好的塑性和焊接性，且组织稳定。常用钛合金的牌号、力学性能及应用举例见表 8-9。

表 8-9 常用钛合金的牌号、力学性能及应用举例

牌号	状态	σ_b /MPa	δ （%）	应用举例
TA5	退火	686	15	应用与工业纯铁相近
TA6	退火	686	10	用于工作温度低于 500℃的零件，如飞机骨架及蒙皮、压气机壳体、叶片、焊接件和模锻件等
TA7	退火	785	10	
TB2	淬火 + 时效	1373	7	用于工作温度低于 350℃的零件，如飞机构件、压气机叶片及轮盘等
TC1	退火	588	15	用于工作温度低于 400℃的冲压件和焊接件等
TC2	退火	689	12	用于工作温度低于 500℃的焊接件和模锻件
TC4	退火	902	10	用于工作温度低于 400℃的零件，如容器、泵、坦克履带、舰艇耐压壳体、低温部件及锻件等
TC10	退火	1059	12	用于工作温度低于 450℃的零件，如飞机零件及起落架、武器构件、导弹发动机外壳等

第四节　轴承合金

一、对轴承合金的性能要求

轴承合金是用来制造滑动轴承的轴瓦或内衬的材料。轴承是支承着轴进行工作的。当轴旋转时，轴瓦与轴颈之间产生强烈的摩擦，并且轴承要承受轴颈传来的交变载荷作用。因此，轴承合金应具有以下性能：

1）足够的抗压强度和疲劳强度，以承受较大的压力和循环载荷作用。

2）足够的塑性和韧性，以抵抗冲击和振动。

3）较小的摩擦系数，高的耐磨性，能储存润滑油，以减小磨损。

4）较好的磨合性能，能与轴颈较快地紧密配合。

5）良好的导热性，以利于热量的散失和防止咬合。

6）良好的耐蚀性，以抵抗润滑油的腐蚀。

7）良好的铸造性能，使之容易铸造成形。

二、轴承合金的组织特征

为了满足上述性能要求，轴承合金的组织应该是软硬兼备。轴承合金有两种组织类型：一是在软基体上均匀分布着硬质点；二是在硬基体上均匀分布着软质点。软基体塑性好，能承受冲击和振动；能储存润滑油，保证良好的润滑，减少轴颈的磨损；另外外来杂质压入软基体，可避免轴颈磨损。硬基体能承受较高的载荷。如图 8-11 所示为轴承合金的理想组织。

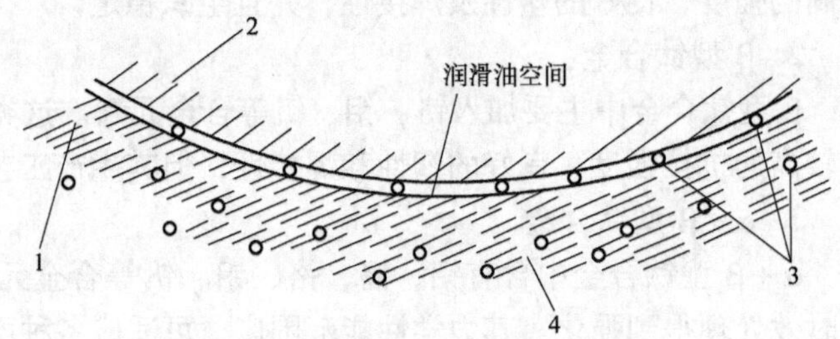

图 8-11　轴承合金理想组织示意图

1—轴瓦　2—轴　3—硬颗粒物　4—软基体

三、常用轴承合金

铸造轴承合金的牌号用“铸”字汉语拼音字首“Z”加基体元素的化学符号加主要合金元素的化学符号及其质量分数的百分数。当合金元素质量分数小于 1% 时，不标注。例如，ZSnSb11Cu6 表示锑的平均质量分数为 11%，铜的平均质量分数为 6% 的余量为锡的铸造锡基轴承合金。

常用的轴承合金有锡基轴承合金、铅基轴承合金和铝基轴承合金等。

1. 锡基轴承合金（锡基巴氏合金）

锡基轴承合金是以锡为基础，加入合金元素锑、铜等组成的合金。锑能溶于锡而形成 α 固溶体，又能形成化合物 SnSb，铜与锡也能形成化合物 Cu_6Sn_5。如图 8-12 所示为锡基轴承合金的显微组织。暗黑色基体为 α 固溶体，作为软基体（30HBW）；白色方块状组织是以化合物 SnSb 为基体的 β 固溶体，白色针状和星状组织为化合物 Cu_6Sn_5，作为硬质点（110HBW）。

锡基轴承合金的性能特点是具有良好的塑性、韧性和导电、导热性，适当的硬度和较小的摩擦系数。一般用于制造重要的滑动轴承，如发动机、汽轮机等的高速轴承。

2. 铅基轴承合金（铅基巴氏合金）

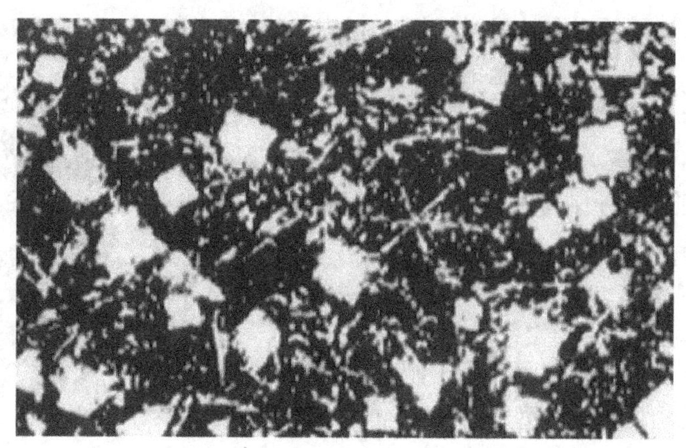

图 8-12　轴承合金的显微组织

铅基轴承合金是以铅锑为基础，加入合金元素锡、铜等组成的合金。其显微组织与锡基相似，但软基体（α + β）是共晶体，硬质点是白色方块状的先晶 β 相（30HBW）和白色针状或星状化合物 Cu_2Sb。

铅基轴承合金具有的性能是强度、硬度、韧性均低于锡基轴承合金，且摩擦系数大。故只用于制造承受中等载荷作用的中速轴承，如汽车、拖拉机的曲轴轴承及电动机轴承等。由于铅基轴承合金价格低廉，所以在能满足使用要求的前提下，尽量采用其代替锡基轴承合金。

常用锡基轴承合金与铅基轴承合金的牌号、力学性能及应用举例见表 8-10。

表 8-10　常用锡基轴承合金与铅基轴承合金的牌号、力学性能及应用举例

类别	牌号	铸造方法	硬度 HBW	应 用 举 例
锡基轴承合金	ZSnSb8Cu4	金属型铸造	24	大型机器轴承、汽车发动机轴承等
	ZSnSb11Cu6		27	蒸汽机、涡轮机、蜗轮泵及内燃机中的高速轴承等
铅基轴承合金	ZPbSb15Sn5		20	低速、轻压力机械轴承等
	ZPbSb16Sn16Cu2		30	工作温度低于 120℃、无明显冲击载荷作用的高速轴承，如汽车和拖拉机中的曲轴轴承、电动机轴承、起重机轴承、重载荷推力轴承等

3. 铝基轴承合金

铝基轴承合金是以铝为基础，加入锡、锑、铜的合金元素而形成的合金。铝基轴承合金的特点是资源丰富，价格低，具有良好的耐磨性、疲劳强度和高温强度。但线胀系数较大，抗咬合性较差。

目前采用铝基轴承合金有铝锑镁轴承合金和高锡铝轴承合金两种，其中高锡铝基轴承合金应用最广。其显微组织是硬基体（铝）上分布着软质点（球状锡晶粒）。这种轴承合金适用于制造重载作用下高速的发动机轴承，常用的牌号为 ZAlSn6Cu1Ni。

第五节　硬 质 合 金

随着科学技术的飞速发展，生产效率不断提高，在机械加工中，切削速度也会不断提高。因此，对刀具材料的性能就提出了更高的要求，而在高速切削时，高速钢是不能满足使用要求，需采用硬质合金。

硬质合金是以一种或多种难熔的金属碳化物（如碳化钨 WC、碳化钛 TiC 等）粉末与起粘结作用的金属（钴 Co）粉末混合，采用粉末冶金工艺制成的粉末冶金合金。如图 8-13 所示为硬质合金的显微组织。

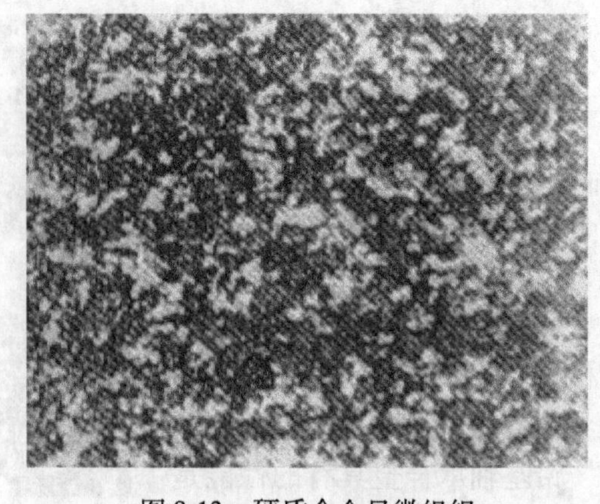
图 8-13 硬质合金显微组织

一、硬质合金的性能特点

1）硬度高（86~93HRA）、热硬性高（可达900~1000℃）、耐磨性好。制作刀具，切削速度可比高速钢高4~7倍，刀具寿命可提高5~8倍。

2）抗压强度高（6000MPa），但抗弯强度低，韧性较差。

硬质合金主要用于制作各种刀具、冷作模具、量具和耐磨零件等。

二、常用硬质合金

按化学成分和性能特点不同，硬质合金可分为钨钴类、钨钴钛类、通用类硬质合金三类。

1. 钨钴类硬质合金

它的主要成分为碳化钨和钴。其牌号用“硬”、“钴”两字的汉语拼音字首“YG”加数字表示，数字表示钴质量分数的百分数，例如YG8表示钴的质量分数为8%的钨钴类硬质合金。

2. 钨钴钛类硬质合金

它的主要成分为碳化钨、碳化钛和钴。其牌号用“硬”、“钛”两字的汉语拼音字首“YT”加数字表示，数字表示碳化钛的质量分数的百分数，例如YT15表示碳化钛的质量分数为15%的钨钴钛类硬质合金。

上述两种硬质合金中，碳化物的质量分数越大，合金的硬度、热硬性及耐磨性越高，而强度和韧性越低。当钴的质量分数相同时，钨钴钛类硬质合金中由于加入了碳化钛，而使其强度和韧性比钨钴类硬质合金低。因此，钨钴类硬质合金刀具适合加工脆性材料（如铸铁）；钨钴钛类硬质合金刀具则适合加工塑性材料（如钢）。

3. 通用类硬质合金

它是以碳化钽、碳化铌取代钨钴钛类硬质合金中的一部分碳化钛制成的。其抗拉强度高，具有良好的耐蚀性。这类硬质合金常用于加工不锈钢、耐热钢、高锰钢等难加工的材料。通用类硬质合金又称为“万能硬质合金”。其牌号用“硬”、“万”两字的汉语拼音字首“YW”加顺序号表示，例如，YW1表示1号通用类硬质合金。

常用硬质合金的牌号、化学成分及力学性能见表8-11。

表 8-11 常用硬质合金的牌号、化学成分及力学性能

类别	牌号	化学成分 w_i（%）				硬度 HRC	σ_b/MPa
		WC	TiC	TaC	Co		
钨钴类合金	YG3	97	—	—	3	91	1100
	YG6	94	—	—	6	89.5	1422
	YG8	92	—	—	8	89	1500
	YG15	85	—	—	15	87	2060
	YG20	80	—	—	20	85	2600

（续）

类别	牌号	化学成分 w_i（%）				硬度 HRC	σ_b/MPa
		WC	TiC	TaC	Co		
钨钴钛类合金	YT5	85	5	—	10	89.5	1373
	YT15	79	15	—	6	91	1150
	YT30	66	30	—	4	92.5	883
通用类合金	YW1	84～85	6	3～4	6	92	1230
	YW2	82～83	6	3～4	8	91.5	1470

近年来，又开发了一种钢结硬质合金，其粘结剂为合金钢（不锈钢或高速钢）粉末，从而使其与钢一样可以进行锻造、切削加工、焊接及热处理等，用于制造各种形状复杂的刀具、模具及耐磨零件等。例如高速钢结硬质合金可制作滚刀、圆锯片等刀具。

本章小结

本章介绍了有色金属及硬质合金的种类、牌号、性能和用途。在理解有色金属时，应与钢进行比较，尤其是有色金属的强化手段和热处理特点。关于铝合金、铜合金及硬质合金的种类、性能及用途应给予重视。

复习思考题

一、名词解释

1. 黑色金属　　2. 有色金属　　3. 硬质合金

二、填空题

1. 根据铝合金的化学成分和工艺性能特点不同，可分为________、________两大类。

2. 变形铝合金根据成分和性能特点可分为________、________、________和________。

3. 铸造铝合金按所加入合金元素不同，可分为________系、________系、________和________系等四类。

4. 工业上常用的铜合金有________、________和________。

5. 钛具有________现象，在882℃以下为________晶格，称为________钛，在882℃以上为________晶格，称为________钛。

6. 常用的轴承合金有________、________和________等。

7. 硬质合金的性能特点是________高、________高、________好、________高，但________低、________较差。

8. 常用的硬质合金有________、________和________三种。

三、选择题

1. 将相应的牌号填在横线上

普通黄铜________，铸造黄铜________，锡青铜________，铍青铜________。

A. H68　　B. QSn4-3　　C. QBe2　　D. ZCuZn38

2. 将相应的牌号填在横线上

硬铝________，防锈铝________，超硬铝________，铸造铝合金________，锻铝

________。

A. LF21　B. LY10　C. ZL101　D. LC4　E. LD2

3. 将相应的牌号填在横线上：

钨钴类硬质合金________，钨钴钛类硬质合金________，通用类硬质合金________。

A. YG6　B. YT15　C. YW2

4. 防锈铝可采用________方法来强化。

A. 形变强化　B. 固溶热处理加时效　C. 变质处理

5. 硬质合金的热硬性可达________。

A. 500～600℃　B. 600～800℃　C. 900～1000℃

四、问答题

1. 什么是黄铜？主加元素锌对黄铜的力学性能有何影响？
2. 试述铝合金的分类及其热处理特点。
3. 钛及钛合金的主要性能特点是什么？
4. 轴承合金的性能要求有哪些？
5. 硬质合金可分为哪几类？在生产中如何选用？
6. 解释下列代号或牌号

ZL103　LD2　YW2　H68　LF21　QBe2　HPb59-1　LY11　ZL102　YG6

*第九章　非金属材料

学习目标　了解高分子材料、陶瓷材料、复合材料的种类、性能及应用。重点是塑料的性能及用途。难点是高分子材料的组成。

长期以来，金属材料因其具有良好的使用性能和工艺性能，在机械制造业中占主导地位。但随着科学技术的不断进步，材料的品种也越来越多。而非金属材料在各个领域中的应用也越来越多，其不仅具有优良的性能，而且成本低廉，外形美观，电绝缘性好，密度小等。因此，非金属材料正以其自身的优势取代某些金属材料。

非金属材料包括高分子材料、陶瓷材料和复合材料等。

第一节　高分子材料

一、高分子材料的概念

高分子材料分为天然和人工合成两大类。天然高分子材料有羊毛、蚕丝、淀粉、纤维及天然橡胶等。合成高分子材料主要有塑料、合成纤维、合成橡胶等。工业上使用的主要是人工合成高分子材料。

高分子材料是以高分子化合物为主要成分的材料，而高分子化合物是指相对分子质量很大的化合物，一般在1000～1000000之间。表9-1列举了一些物质的相对分子质量。一般把相对分子质量小于500的称为低分子化合物；而把相对分子质量大于500的称为高分子化合物。通常低分子化合物没有强度和弹性，而高分子化合物则具有一定的强度、弹性和塑性。

表9-1　常见的几种物质的相对分子质量

类别	低分子物质				高分子物质				
名称	水	石英	乙烯	单糖	天然高分子物质			人工合成高分子物质	
	H_2O	SiO_2	$CH_2=CH_2$	$C_6H_{12}O_6$	橡胶	淀粉	纤维素	聚苯乙烯	聚氯乙烯
相对分子质量	18	60	28	180	200000～500000	>200000	570000	>50000	50000～160000

高分子化合物都由一种或几种单体（简单的低分子化合物）重复连接而成的。将单体转变为高分子化合物的过程，称为聚合反应，所以高分子化合物也称为高聚物。例如，聚乙烯塑料就是由乙烯分子（单体）经聚合反应而制成的，即

$$n\,(CH_2=CH_2)\xrightarrow{\text{聚合反应}}[\!-CH_2-CH_2-]_n$$

由单体聚合为高聚合物有两种基本方式：

（1）加聚反应　它是指一种或多种单体经光照、加热或化学药品（称为引发剂）的作用后相互结合而成的大分子链。目前加聚反应产量较大的高分子化合物有聚乙烯、聚丙烯、聚苯乙烯及合成橡胶等。

(2) 缩聚反应　它是具有官能团（如—OH、—COOH、—NH_3 等）的单体，互相反应结合成较大分子链的过程，在生成聚合物同时有低分子物质（如 H_2O、HCl、NH_3 等）产品。如由缩聚反应合成的高分子化合物有涤纶、尼龙、酚醛树脂、环氧树脂等。

二、常用高分子材料

高分子材料常见的分类见表 9-2。

表 9-2　高分子材料常见的分类

分类原则	类　别	举　例
按高分子材料的用途	塑料	ABS、尼龙等
	橡胶	丁苯橡胶、氯丁橡胶等
	纤维	玻璃纤维、石棉纤维等
	胶粘剂	骨胶、环氧通用胶等
	涂料	环氧树脂漆等
按高分子材料的来源	天然高分子材料	淀粉、天然橡胶、纤维素等
	人造及合成高分子材料	合成纤维、合成橡胶等
按聚合反应的类型	加聚高分子材料	聚乙烯、聚氯乙烯等
	缩聚高分子材料	酚醛树脂、环氧树脂等
按高分子材料的结构	线型高分子材料	聚甲醛、聚苯乙烯等
	体型高分子材料	酚醛树脂、环氧树脂等
按高分子材料的热性能及成形工艺特点	热固性高分子材料	酚醛树脂、环氧树脂等
	热塑性高分子材料	聚酰胺、有机玻璃等

1. 塑料

(1) 塑料的组成　塑料是一种高分子物质合成材料。它是以树脂为基础，加入添加剂（如增塑剂、稳定剂、填充剂、固化剂、染料等）制成的。

① 树脂：树脂是塑料的主要成分，用以粘接塑料中其他成分，并使其具有成形性能。树脂的种类、性质和加入量对塑料的性能有很大的影响。目前采用的树脂主要是合成树脂。

② 添加剂：根据塑料的使用要求，在塑料中添加一些其他物质，以改善塑料的性能。如加入增塑剂可以提高塑料的可塑性和柔软性，改善塑料的成形能力；加入稳定剂可以提高塑料在光和热作用下的稳定性；加入铝可提高塑料对光的反射能力并防止老化；加入 Al_2O_3、TiO_2、SiO_2 可提高塑料的硬度和耐磨性等。

(2) 塑料的分类　按塑料的热性能不同可分为热塑性塑料和热固性塑料。

① 热塑性塑料：这种塑料加热时软化，可塑造成形，冷却后变硬，并重复多次。这种变化是物理变化，化学结构式基本不变。此类塑料具有加工成形简单、力学性能好的优点，但耐热性和刚性较差。

② 热固性塑料：这类塑料加热时软化，可塑造成形。但固化后的塑料既不溶于溶剂，也不再受热软化，只能塑制一次。此类塑料耐热性能好，受压不变形，但力学性能较差。

按塑料的使用范围不同可分为通用塑料、工程塑料和耐热塑料。

通用塑料的力学性能较好，耐热性、耐寒性、耐蚀性和电绝缘性良好，其产量大，用途广泛，价格低廉，一般在农业生产和日常生活中使用较多，如聚乙烯、聚氯乙烯、酚醛塑料等；工程塑料是指力学性能较高，并具有某些特殊性能的塑料，可以取代金属材料用来制造某些机械零件或工程结构件，如聚酰胺（尼龙）、聚碳酸脂、聚甲醛等；耐热塑料是指在较高温度下工作的塑料，如聚四氟乙烯、环氧塑料等。

（3）塑料的成形加工　塑料的成形加工是将各种塑料的原料（粉状料、粒状料、液态料、碎料等）制成一定形状和尺寸制品的过程。塑料的成形工艺简单，形式多样，有注射成形、压制成形、挤出成形或吹塑成形等方法。如图 9-1 所示为吹塑成形制取小口径中空制品的示意图。吹塑成形主要用来制取薄壁、小口径中空制品的塑料薄膜。

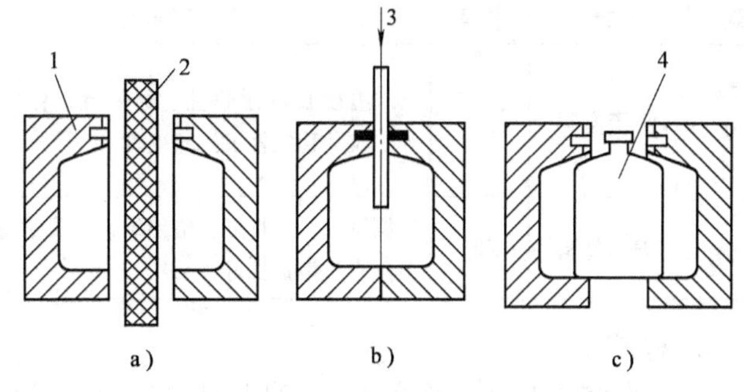

图 9-1　吹塑成形示意图

a）吹塑前的坯料和模具　b）通入压缩空气　c）开模取出制品

1—吹塑模具　2—坯料　3—压缩空气　4—塑料制品

塑料也可以通过喷涂、浸渍、粘贴等工艺方法，将塑料覆盖于其他材料的表面，塑料制品的表面也可以镀覆金属层。另外，塑料制品成形后还可以进行切削加工、焊接和粘接等。塑料的种类、特点及应用举例见表 9-3。

表 9-3　塑料的种类、特点及应用举例

类别	名称	代号	主要特点	应用举例
热塑性塑料	聚乙烯	PE	具有良好的耐蚀性和电绝缘性	用于薄膜、塑料瓶、电线电缆的绝缘材料及塑料管等
	聚酰胺（尼龙）	PA	较高的强度和韧性及较好的耐磨、耐疲劳、耐油、耐水性，但吸湿性大，日光曝晒易老化	用于制造一般的机械零件，如轴承、齿轮、凸轮轴、蜗轮等
	聚甲醛	POM	具有优良的综合力学性能，吸湿性较好，尺寸稳定性高，但遇火易燃，曝晒易老化	用于制造减摩、耐磨零件，如轴承、齿轮、凸轮轴、仪表外壳、汽化器、线圈骨架等
	聚碳酸脂	PC	具有良好的力学性能及耐热、耐寒、电性能，尺寸稳定性高，但耐候性不够，长期曝晒易开裂	用于制造机械传动零件、高绝缘性零件及飞机构件，如轴承、齿轮、蜗轮、蜗杆、电容器、飞机挡风罩等
	聚四氟乙烯	F-4	具有优良的耐低温、耐腐蚀、耐候性和电绝缘性能，不受化学药品的腐蚀，但强度和刚度较低，250℃以上分解并放出毒性气体	用于制造特殊性能要求的零件，如化工机械中的过滤板、反应罐、自润滑轴承、密封圈等
	ABS 塑料	ABS	具有良好的综合性能，尺寸稳定性好，易于成形加工	应用广泛，如转向盘、手柄、仪表盘、化工容器、电器设备外壳等
	聚砜	PSU	具有良好的电绝缘性和化学稳定性，尺寸稳定性好，抗蠕变能力强，可在 -100 ~ -150℃下长期工作	用于制造耐腐蚀、耐磨及绝缘零件，如齿轮、凸轮、仪表外壳、涂层等
	有机玻璃	PMMA	强度高、透光性好、耐老化、易于成形加工	用于制造航空、仪器仪表及无线电工业中的透明件，如飞机座舱、屏幕、汽车风挡、光学镜片等

（续）

类别	名称	代号	主要特点	应用举例
热固性塑料	酚醛塑料	PF	具有优良的耐热性、绝缘性、化学稳定性、尺寸稳定性及抗蠕变性	用于制造一般机械零件、水润滑轴承、电绝缘件及耐化学腐蚀构件，如电器绝缘板、齿轮、刹车片等
	环氧塑料	EP	强度高，韧性好，电绝缘性、化学稳定性及耐有机溶剂性好	用于制造塑料模具、精密量具、电子元件及线圈的灌封与固定等

2. 橡胶

（1）橡胶的组成　橡胶是一种高弹性的高分子材料。伸长率很高（$\delta = 100\% \sim 1000\%$），具有优良的耐磨性、隔音性和绝缘性。广泛用于弹性件、密封件、减振件及传动件等。

橡胶是以生胶（生橡胶）为基础，再加入配合剂制成。

生胶按原料来源不同可分为天然橡胶和合成橡胶两类。天然橡胶是以热带的橡胶树中流出胶乳为原料，经过凝固、干燥、加压等工序制成的片状固体。合成橡胶是用化学合成方法制成的与天然橡胶性质相似的高分子材料，如丁苯橡胶、氯丁橡胶等。

配合剂是为了提高和改善橡胶制品的性质而加入的物质。配合剂主要有硫化剂、软化剂、防老化剂、填充剂等。天然橡胶常以硫磺作硫化剂，并加入氧化锌和硫化促进剂加速硫化，以缩短硫化时间。加入硬脂酸、精制石蜡及油类物质作为软化剂，可以提高橡胶的塑性，改善其黏附力。加入石蜡、蜂蜡等作防老化剂，在橡胶表面形成稳定的氧化膜，防止和延缓橡胶制品的老化。用炭黑、陶土、滑石粉等作填充剂，可以增加橡胶制品的强度，降低成本。

（2）橡胶的种类及应用　橡胶在氧化、光照（特别是紫外线照射）情况下，容易发生老化、破裂、发黏或变脆等现象。因此，在使用和储存过程中要特别注意保护。常用橡胶种类、特点及应用举例见表9-4。

表9-4　常用橡胶种类、特点及应用举例

类别	代号	主要特点	应用举例
天然橡胶	NR	良好的耐磨性、抗撕裂性和加工性能，但耐高温性、耐油性、耐溶剂性、耐臭氧性及耐老化性差	用于制造轮胎、胶带、胶管及通用橡胶制品等
丁苯橡胶	SBR	具有优良的耐磨性、耐热性和抗老化性能，耐寒性和加工性能较差	
顺丁橡胶	BR	具有良好的弹性、耐磨性和耐低温性能，但抗拉强度、抗撕裂性和加工性能较差	用于制造轮胎、胶带、胶管、胶鞋等
氯丁橡胶	CR	具有较好的耐油性、耐溶剂性、耐氧化性、耐老化性、耐蚀性及耐热性，但密度大，电绝缘性及加工性能较差	用于制造胶管、胶带传送带、垫圈、模型制品、门窗封条等
硅橡胶	—	具有良好的耐候性、耐臭氧性和电绝缘性，可在 -100 ~ 300℃下工作，但强度低，耐油性差	用于制造航天航空工业中的密封制品、食品工业的罐头密封圈、医药卫生业中的相交制品及电线、电缆的外皮等

（续）

类别	代号	主要特点	应用举例
氟橡胶	FPM	具有优良的耐蚀性，耐高温性好，可在315℃下工作，耐油、耐高真空及抗辐射能力良好，但加工性能较差	具有特殊用途，如化工设备的衬里、垫圈、高级密封件、高真空橡胶件等

3. 胶粘剂

胶粘剂是以黏性物质作为基础，加入各种添加剂制成。它能将物质胶粘在一起，并使胶接面具有一定的胶接强度。胶接在某些情况下可以代替铆接、焊接或机械连接。如无法焊接的金属可采用胶接，金属材料与非金属材料的胶接。

常用的胶粘剂有天然胶粘剂和人工合成树脂胶粘剂两类。天然胶粘剂有骨胶、虫胶、桃胶、树汁等。目前大量使用的还是人工合成树脂胶粘剂，它是由粘接剂（酚醛树脂、聚苯乙烯等）、固化剂、填料及各种附加剂（增韧剂、抗氧化剂）组成。按使用要求不同，各组成部分的比例不同。

胶粘剂不同，形成的胶接接头也不同。接头可以在一定温度和时间条件下经固化后形成，也可以经加热、冷凝后形成，还可以先将胶粘剂溶入易挥发的溶液中，胶接后，溶剂挥发形成接头。常用胶粘剂的种类、特点及应用举例见表9-5。

表9-5　常用胶粘剂的种类、特点及应用举例

类别	名称	代号	主要特点	应用举例
环氧胶粘剂	环氧-丁腈胶	E-7	具有良好的密封性和耐热性，可在150℃下使用	用于胶接金属、玻璃钢等材料
	环氧通用胶	914	具有良好的耐水性、耐油性，固化迅速，使用方便，成本低	用于胶接、修补或固定材料
聚胺脂胶粘剂		101	具有良好的电绝缘性、耐老化性、耐油性及低温性能，胶膜柔软	用于胶接金属、塑料、橡胶、陶瓷、木材、皮革等材料
酚醛胶粘剂	酚醛-缩醛胶	JSF-2 FSC-2	具有较高的胶接强度和良好的抗冲击、抗疲劳及耐老化性能	用于胶接金属、塑料、玻璃、木材、皮革等材料
	酚醛-丁腈胶	J-03 J-29	具有较高的胶接强度和良好的弹性与韧性，耐冲击，抗振动，可在-50~80℃下长期工作	用于胶接金属、玻璃钢、陶瓷等材料，也可胶接蜂窝结构
瞬干胶	α-氰基丙烯酸脂胶	502	具有良好的流动性、室温下固化迅速，可在-40~70℃	用于各种机械零件的固定、各种接头的防漏及填堵缝隙
厌氧胶	—	Y-150	具有良好的流动性、密封性、耐蚀性、耐热性、耐寒性和工艺性，固化迅速，使用方便	用于胶接金属、塑料、橡胶、陶瓷、玻璃钢等材料，特别适于小面积的胶接和固化

第二节　陶瓷材料

一、陶瓷材料的概念

陶瓷材料是由金属和非金属元素的化合物组成的多晶体固体材料，其结构和显微组织比金属复杂得多。它包括陶器、瓷器、玻璃、搪瓷、耐火材料等。

随着科学技术的不断进步，出现了许多新型的陶瓷材料，其性能也有了很大进步。如磁性陶瓷材料、高绝缘陶瓷材料、光学陶瓷材料等，使得陶瓷材料有着广泛的应用。现代已经将陶瓷材料与高分子材料、金属材料一起称为三大固体工程材料。

二、陶瓷材料的分类

陶瓷一般分为普通陶瓷和特种陶瓷两类。

1. 普通陶瓷

普通陶瓷又称为传统陶瓷。它是以天然硅酸盐矿物（黏土、长石和硅沙等）为原料，经过粉碎、成形和烧结后制成的，主要用于制作日用品和建筑陶瓷。

2. 特种陶瓷

特种陶瓷是采用人工合成材料（如氧化物、氮化物、硅化物、碳化物等），经过粉碎、成形和烧结后制成的，主要用于化工、冶金、机械、电子等行业。

三、陶瓷制品的生产过程

陶瓷制品的种类繁多，生产工艺过程不同，但一般都要经过原料制备、成形和烧结三个阶段。

1. 原料制备

陶瓷原料的加工直接影响到陶瓷的成形工艺性能和使用性能。首先对原料进行精选，去除杂质；再进行粉碎，磨细到一定粒度；然后按一定比例配料，根据成形工艺要求，制备成粉料、浆料或可塑泥团。

2. 成形

陶瓷制品的成形可采用以下几种方法：

（1）可塑成形　通过手工或机械挤压、车削，使可塑泥团成形的一种方法。

（2）压制成形　是将含有一定水分和添加剂的粉料放入模具中在较高压力下使之成形的一种方法。

（3）注浆成形　是指将浆料注入模具中，经过一定时间后，在模壁粘附着具有一定厚度的坯料，坯料在型腔内固定下来，这种成形方法称为注浆成形，如图 9-2 所示为一般注浆成形示意图。注浆成形主要用于制造形状复杂、精度要求不高的日用陶瓷和建筑陶瓷。

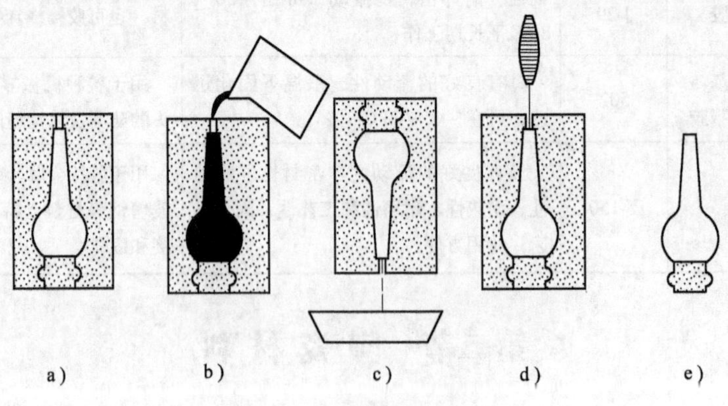

图 9-2　注浆成形示意图

a）石膏模　b）注浆　c）倒出多余的浆料　d）修坯　e）坯体

3. 烧结

没有经过烧结的陶瓷制品，不具有使用性能。因此，成形后的陶瓷制品经干燥、涂釉后送去烧结。

四、常用陶瓷材料的性能、特点、种类及应用

陶瓷的特点是：硬度高，抗压强度大、耐高温、耐磨损、耐腐蚀及抗氧化性能好，但脆性大，没有延展性。常用工业陶瓷的种类、特点及应用举例见表 9-6。

表 9-6 常用工业陶瓷的种类、特点及应用举例

类别	名称	主 要 特 点	应 用 举 例
普通陶瓷	日用陶瓷 化工陶瓷 绝缘陶瓷	质地坚硬、耐腐蚀、不导电，加工成形性好，但强度较低，耐高温性能较差	用于化工、电气、纺织、建筑等行业，如容器、反应塔、管道绝缘等
氧化铝陶瓷	刚玉瓷 莫来石瓷 刚玉-莫来石瓷	强度、硬度高，绝缘性和耐蚀性好，耐高温，可在 1500℃ 下工作，但脆性大耐急冷急热性能差	用于制作高温容器、坩埚、热电偶的绝缘套、内燃机的火花塞及切削刀具等
氮化硅陶瓷	反应烧结氮化硅瓷	具有良好的化学稳定性，耐绝缘性及耐急冷急热性能优良，强度高、耐磨性好	用于制造耐磨、耐蚀、耐高温、绝缘的零件，如泵体的密封件、高温轴承、阀门、燃气轮机叶片等
氮化硼陶瓷	立方氮化硼陶瓷	具有良好的耐急冷急热性，热导率较高，热稳定性好，绝缘性和化学稳定性能良好	用于制作刀具或磨料
	六方氮化硼陶瓷		用于制造高温轴承、玻璃制品的成形模具等

第三节 复合材料

一、复合材料的概念和性能

复合材料是由两种或两种以上的固体材料（不同金属、不同非金属、金属与非金属），经过人工合成的多相固体材料。

复合材料与金属或其他固体材料相比，具有比强度和比模量高、疲劳极限高、减振性好、耐高温性强、工作安全性高、稳定性好等特点。常用材料的性能比较见表 9-7。

表 9-7 常用材料的性能比较

材 料	密度/（g/cm^3）	抗拉强度/MPa	弹性模量/MPa	比强度/m
钢	7.8	1030	210000	13000
铝	2.8	470	75000	17000
钛	4.5	960	114000	21000
玻璃钢	2.0	1000	40000	53000
碳纤维/环氧树脂	1.45	1500	140000	103000
硼纤维/环氧树脂	2.1	1380	210000	66000

二、常用复合材料的种类

1. 按基体类型分类

可分为金属基体和非金属基体两类。目前使用最多的是以高聚物材料为基体的复合材料。

2. 按增强剂的性质和结构形式分类

（1）纤维增强复合材料　是以玻璃纤维、碳纤维、硼纤维等陶瓷材料作为复合材料的增强剂，与塑料、树脂、橡胶或金属等材料复合而成，如橡胶轮胎、玻璃钢、纤维增强陶瓷等都是纤维增强复合材料。

（2）层叠复合材料　工业上使用的层叠复合材料是用几种性能不同的板材经热压胶合而成，如三合板、五合板、双金属（钢-铜）轴承材料等都属于层叠复合材料。

（3）细粒复合材料　是一种或多种颗粒均匀分布在基体中所组成的材料。如硬质合金是由 WC-Co 或 WC-Ti-Co 等组成的细粒复合材料。

三、常用复合材料简介

1. 玻璃纤维增强复合材料

玻璃纤维增强复合材料是以玻璃为增强剂，以合成树脂为基体（粘结剂）制成的，俗称玻璃钢。玻璃钢是目前机械工业中应用最广泛的一种复合材料。根据复合材料起粘结作用的基体不同，可分为热塑性和热固性两种。

以聚酰胺、聚苯乙烯、聚苯烯等热塑性树脂为粘结剂制成热塑性玻璃钢。其具有较高的力学性能，耐热性能和抗老化性能强，工艺性能较好。可用于轴承、齿轮、壳体等零件的制造。

以环氧树脂、酚醛树脂、有机硅树脂等热固性树脂为粘结剂制成热固性玻璃钢。其具有密度小、强度高、化学稳定性好、工艺性能好等特点。可用于车身、船体的构件的制造。

2. 碳纤维增强复合材料

玻璃钢虽有许多优点，但刚度较低。碳纤维增强复合材料是以碳纤维和环氧树脂、酚醛树脂、聚四氟乙烯等组成的复合材料。具有较高的强度和弹性模量，密度比玻璃钢小，同时还具有优良的耐磨性、减摩性、耐热性、耐蚀性及自润滑性。可用于制造耐磨件，如齿轮、活塞、轴承等，还可用于化工设备中的耐蚀件及航空、航天工业。

3. 层叠复合材料

这类复合材料具有密度小、刚度高、抗压稳定性好、抗弯强度高的特点，主要用于航空、船舶及化工等行业，如飞机机翼、滑雪板等。

4. 细粒复合材料

常用细粒复合材料有两种：一种是由金属细粒和塑料复合制成的，具有导电性、导热性好、线胀系数低的特点，主要用于制造轴承、防射线的屏罩及隔音设备；另一种是由陶瓷细粒与金属复合制成的，具有硬度高、耐磨性和耐热性好的特点，主要用于制造切削刃具及耐高温零件。

本章小结

本章介绍了高分子材料、陶瓷材料、复合材料的种类、性能及用途。在讲课过程中，应多举例加以说明，使学生对非金属材料有一定的了解，以便今后能够适应实际生产的要求。

复习思考题

一、名词解释

1. 高分子材料 2. 加聚反应 3. 缩聚反应 4. 陶瓷材料 5. 复合材料

二、填空题

1. 高分子材料分为________和________两类。

2. 由单体聚合为高聚物的基本方式有________和________。

3. 塑料是以________为基础，再加入________制成的。按热性能不同可分为________和________；按适用范围不同可分为________、________和________。

4. 橡胶是以________为基础，再加入________制成的。

5. 人工合成树脂胶粘剂是由________、________、________及各种________组成。

6. 陶瓷一般分为________和________两类。

7. 陶瓷制品的生产过程一般要经过________、________和________三个阶段。

8. 复合材料按增强剂的性质和形态，可分为________、________和________三类。

三、问答题

1. 简述塑料的种类、特点及用途。

2. 陶瓷材料有哪些性能特点？

3. 复合材料有哪些性能特点？

实　　验

实验1　金属的硬度测试实验

一、实验目的

了解布氏硬度和洛氏硬度计的构造及使用方法，通过测试典型碳素钢的硬度，分析碳的质量分数对碳素钢硬度的影响。

二、实验设备及材料

1. 设备

HB—3000型布氏硬度计，如图1所示；HR—150型洛氏硬度计，如图2所示；读数显微镜。

2. 试样

ϕ30mm×10mm的20钢、45钢和T12钢，退火状态，要求试样表面质量好。

三、实验步骤

1. 布氏硬度实验

1）根据实验材料和布氏硬度范围，由表1-1选择压头球体直径、试验力和试验保持时间。

2）将试样放在硬度计工作台上，使试样被测表面与压头轴线垂直。选好测试位置，顺时针转动手轮，使工作台上升，试样与压头缓慢接触，继续转动手轮直至升降螺母产生滑动为止。

3）松开紧压螺钉，选定试验保持时间。

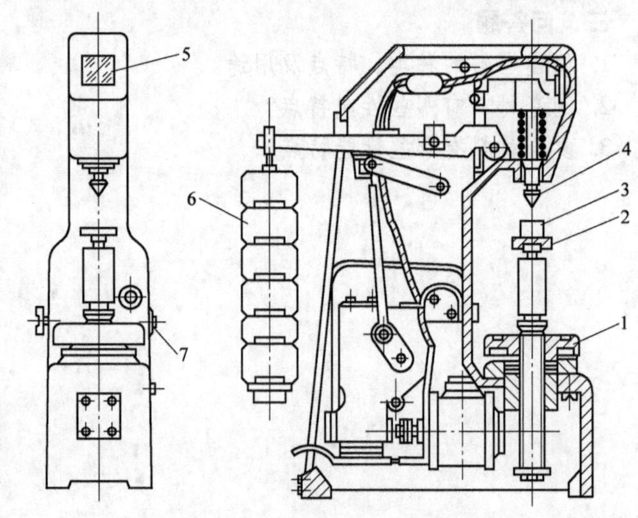

图1　HB—3000型布氏硬度计结构示意图

1—手轮　2—工作台　3—试样　4—压头

5—指示灯　6—砝码　7—紧压螺钉

4）按动加载按钮，开始施加试验力，当绿色指示灯闪亮时，迅速拧紧螺钉，达到所要求持续时间后，硬度计自动停止转动。

5）逆时针转动手轮，降下工作台，取下试样。

6）用读数显微镜测量压痕直径，再通过计算或查表得出相应的布氏硬度值。

2. 洛氏硬度实验

1）根据实验材料及热处理状态，由表1-2选择压头和试验力。

2）将试样放在工作台上。

3）顺时针转动手轮，使工作台上升至试样与压头缓慢接触，直至表盘上的小指针指向

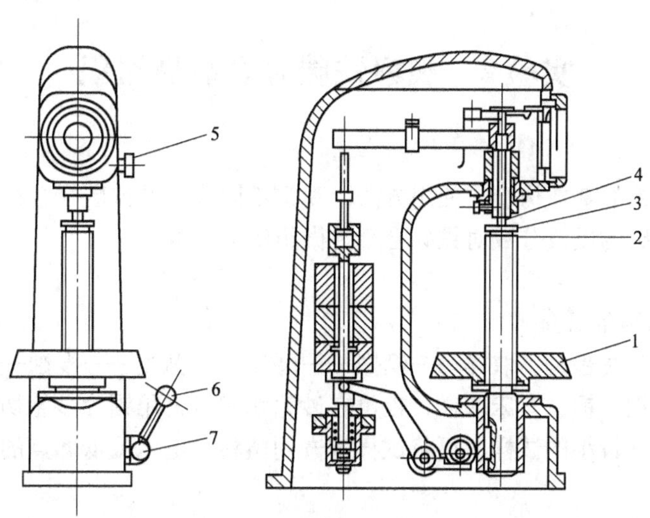

图 2　HR—150 型洛氏硬度计结构示意图

1—手轮　2—工作台　3—试样　4—压头　5—砝码调节螺母　6—卸载手柄　7—加载手柄

“3”为止，此时已施加了初试验力 98.1N，然后调整表盘使大指针指向硬度指刻度的起点。

4）拉动加载手柄，施加主试验力，并保持适当时间。

5）推动卸载手柄，卸除主试验力。

6）读取表盘上大指针所指数字，即为相应的洛氏硬度值。

7）逆时针转动手柄，使工作台下降，并取下试样。

四、实验报告

1. 写出实验目的。

2. 简述布氏硬度和洛氏硬度的试验原理及应用范围。

3. 填写实验报告结果，见表 1 和表 2。

4. 根据实验结果分析碳素钢硬度与其碳的质量分数之间的关系，并绘制此关系曲线图。

表 1　布氏硬度实验结果

材料	实验条件			实验结果				
	压头球体直径/mm	试验力/N	保持时间/s	第一次		第二次		平均硬度值
20								
45								
T12								

表 2　洛氏硬度实验结果

材料	实验条件			实验结果			
	压头形式	试验力/N	硬度标尺	一次	二次	三次	平均硬度值
20							
45							
T12							

实验2　观察铁碳合金显微组织

一、实验目的

了解金相显微镜的基本构造与使用方法，观察不同成分的铁碳合金在平衡状态下的室温组织形态，并分析碳的质量分数对铁碳合金显微组织的影响。

二、实验准备

1. 金相试样的制备简介

金相试样的制备过程是：取样——镶嵌——磨光——抛光——浸蚀——吹干等。

（1）取样　可用手锯、车床取样，也可在砂轮切割机上用锯片砂轮切割。

（2）镶嵌　尺寸较小的试样，可将试样镶嵌到塑料、电木或低熔点的金属中，以便于试样的磨制和抛光。

（3）磨光　将镶嵌的试样先在砂轮机上磨平，然后用水冲洗、擦干，再用粒度不同的金相砂纸，由粗到细依次进行磨制，直到用最细粒度的砂纸磨完方可进行抛光。

磨削时应注意：每换一次粒度的金相砂纸，试样磨削方向应转90°，这样才能逐步磨掉上道金相砂纸的磨痕；试样在每一号砂纸上磨制时，要沿一个方向磨，切忌来回磨制；给试样施加的压力要适当。

（4）抛光　抛光的目的是去除细磨时遗留下来的细微磨痕，获得光亮的镜面。一般采用专用机械抛光机，抛光时将抛光织物（尼龙、绒布等）铺在抛光盘上并固定，然后将试样压在抛光盘上，过程使试样在旋转的抛光盘上磨成镜面。

在抛光过程中，应不断向抛光盘滴入抛光液，抛光液是 Al_2O_3 或 Cr_2O_3 或 MgO 等极细磨料加水而形成的悬浮液。试样应轻压在抛光盘上，沿抛光盘径向往复移动并缓慢转动。

（5）浸蚀　抛光后的试样只有经浸蚀后，才能在显微镜进行观察，浸蚀后出现凸凹不平的状态，使光线反射情况不一样，在显微镜下出现明暗不同的区域，从而显示出显微组织。

钢铁材料的浸蚀剂通常采用硫酸酒精溶液、苦味酸酒精溶液及混合酸酒精溶液等。

（6）吹干　浸蚀后的试样，马上用纯酒精或自来水冲洗，随后用干净的药棉吸干水分，并用电吹风吹干。试样吹干后即可置于金相显微镜上进行观察。

2. 金相显微镜的结构和使用方法

（1）金相显微镜的结构　如图3所示为金相显微镜的结构示意图。如图4所示为金相显微镜的光学系统图，由灯泡发出的光线经聚光镜组6及反光镜聚集到孔径光栏上然后，经过聚光光线镜组4将聚焦在物镜的后焦面上，最后光线通过物镜平行照射到试样表面。从试样表面反射回来的光线经物镜、辅助物镜2、半透反光镜、辅助物镜片11、棱镜及半五角棱镜形成一个放大实像，再经目镜放大，就成为在目镜中看到的放大映像。

（2）使用显微镜时的注意事项

1）使用中不允许有剧烈振动，调焦时不要用力过大，以免损坏物镜。

2）镜头不能用手、纸或布等擦拭，应用脱脂纱布蘸少许二甲苯轻轻擦拭。

3）显微镜照明光源是低压灯泡，因此必须用低压变压器，不能直接插在220V电源上。

三、实验步骤

1）接通电源。

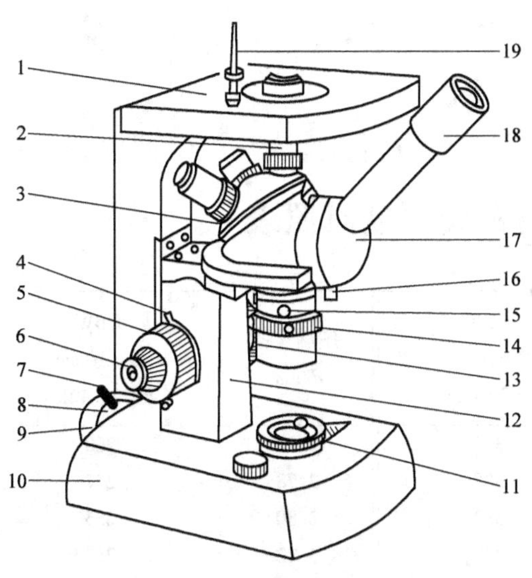

图3　金相显微镜结构示意图

1—载物台　2—物镜　3—物镜转换器　4—限位手柄　5—粗动调焦手轮　6—微动调焦手轮　7—滚花螺钉　8—偏心轮　9—灯座　10—底座　11—孔径光栏　12—粗微动座　13—松紧调节手轮　14—视场光栏圈　15—调节螺钉　16—固定螺钉　17—单筒目镜管组　18—目镜　19—试样压片组

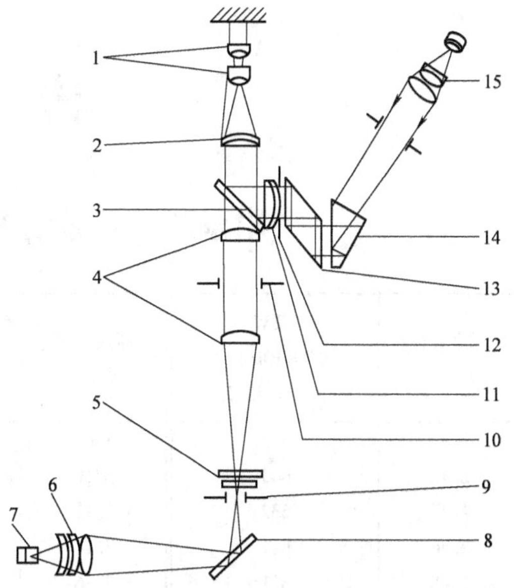

图4　金相显微镜光学系统图

1—物镜组　2—辅助物镜片　3—半透反光镜　4—聚光透镜组　5—滤色片　6—聚光透镜组　7—灯泡　8—反光镜　9—孔径光栏　10—视场光栏　11—辅助物镜片　12—消杂光栏　13—棱镜　14—半五角棱镜　15—目镜组

2）将试样放在载物台上，使试样的观察面正对物镜倒置在机构载物台上，并用压片压紧。

3）调节焦距。先用粗调焦手轮调焦，当出现模糊影像时，再转动微调手轮，直到影像清晰为止。

4）观察各试样显微组织特征，并绘出显微组织示意图。

5）观察完毕后，关掉电源，取下试样放回原处。

四、实验报告

1. 写出实验目的。
2. 填写实验报告，见表3。
3. 通过实验结果分析碳的质量分数对铁碳合金显微组织的影响。

表3　观察铁碳合金显微组织实验结果

试样名称	碳的质量分数（%）	显微组织组成物	显微组织特征示意图
20			
45			
T8			
亚共晶白口铸铁			
共晶白口铸铁			
过共晶白口铸铁			

附　　录

附录A　压痕直径与布氏硬度对照表

压痕直径 d/mm	HBW D=10mm F=29.42kN	压痕直径 d/mm	HBW D=10mm F=29.42kN	压痕直径 d/mm	HBW D=10mm F=29.42kN
2.40	653	3.08	393	3.76	260
2.42	643	3.10	388	3.78	257
2.44	632	3.12	383	3.80	255
2.46	621	3.14	378	3.82	252
2.48	611	3.16	373	3.84	249
2.50	601	3.18	368	3.86	246
2.52	592	3.20	363	3.88	244
2.54	582	3.22	359	3.90	241
2.56	573	3.24	354	3.92	239
2.58	564	3.26	350	3.94	236
2.60	555	3.28	345	3.96	234
2.62	547	3.30	341	3.98	231
2.64	538	3.32	337	4.00	229
2.66	530	3.34	333	4.02	226
2.68	522	3.36	329	4.04	224
2.70	514	3.38	325	4.06	222
2.72	507	3.40	321	4.08	219
2.74	499	3.42	317	4.10	217
2.76	492	3.44	313	4.12	215
2.78	485	3.46	309	4.14	213
2.80	477	3.48	306	4.16	211
2.82	471	3.50	302	4.18	209
2.84	464	3.52	298	4.20	207
2.86	457	3.54	295	4.22	204
2.88	451	3.56	292	4.24	202
2.90	444	3.58	288	4.26	200
2.92	438	3.60	285	4.28	198
2.94	432	3.62	282	4.30	197
2.96	426	3.64	278	4.32	195
2.98	420	3.66	275	4.34	193
3.00	415	3.68	272	4.36	191
3.02	409	3.70	269	4.38	189
3.04	404	3.72	266	4.40	187
3.06	398	3.74	263	4.42	185

（续）

压痕直径 d/mm	HBW D = 10mm F = 29.42kN	压痕直径 d/mm	HBW D = 10mm F = 29.42kN	压痕直径 d/mm	HBW D = 10mm F = 29.42kN
4.44	184	4.98	144	5.50	116
4.46	182	5.00	143	5.52	115
4.48	180	5.02	141	5.54	114
4.50	179	5.04	140	5.56	113
4.52	177	5.06	139	5.58	112
4.54	175	5.08	138	5.60	111
4.56	174	5.10	137	5.62	110
4.58	172	5.12	135	5.64	110
4.60	170	5.14	134	5.66	109
4.62	169	5.16	133	5.68	108
4.64	167	5.18	132	5.70	107
4.66	166	5.20	131	5.72	106
4.68	164	5.22	130	5.74	105
4.70	163	5.24	129	5.76	105
4.72	161	5.26	128	5.78	104
4.74	160	5.28	127	5.80	103
4.76	158	5.30	126	5.82	102
4.78	157	5.32	125	5.84	101
4.80	156	5.34	124	5.86	101
4.82	154	5.36	123	5.88	99.9
4.84	153	5.38	122	5.90	99.2
4.86	152	5.40	121	5.92	98.4
4.88	150	5.42	120	5.94	97.7
4.90	149	5.44	119	5.96	96.9
4.92	148	5.46	118	5.98	96.2
4.94	146	5.48	117	6.00	95.5
4.96	145				

附录 B　黑色金属硬度及强度换算表

洛氏硬度		布氏硬度	维氏硬度	近似强度值	洛氏硬度		布氏硬度	维氏硬度	近似强度值
HRC	HRA	HBW	HV	σ_b/MPa	HRC	HRA	HBW	HV	σ_b/MPa
70	(86.6)		(1037)		62	82.2		766	
69	(86.1)		997		61	81.7		739	
68	(85.5)		959		60	81.2		713	2607
67	85.0		923		59	80.6		688	2496
66	84.4		889		58	80.1		664	2391
65	83.9		856		57	79.5		642	2293
64	83.3		825		56	79.0		620	2201
63	82.8		795		55	78.5		599	2115

（续）

洛氏硬度		布氏硬度	维氏硬度	近似强度值	洛氏硬度		布氏硬度	维氏硬度	近似强度值
HRC	HRA	HBW	HV	σ_b/MPa	HRC	HRA	HBW	HV	σ_b/MPa
54	77.9		579	2034	35		323	329	1100
53	77.4		561	1957	34		314	320	1070
52	76.9		543	1885	33		306	312	1042
51	76.3	(501)	525	1817	32		298	304	1015
50	75.8	(488)	509	1753	31		291	296	989
49	75.3	(474)	493	1692	30		283	289	964
48	74.7	(461)	478	1635	29		276	281	940
47	74.2	449	463	1581	28		269	274	917
46	73.7	436	449	1529	27		263	268	895
45	73.2	424	436	1480	26		257	261	874
44	72.6	413	423	1434	25		251	255	854
43	72.1	401	411	1389	24		245	249	835
42	71.6	391	399	1347	23		240	243	816
41	71.1	380	388	1307	22		234	237	799
40	70.5	370	377	1268	21		229	231	782
39	70.0	360	367	1232	20		225	226	767
38		350	357	1197	19		220	221	752
37		341	347	1163	18		216	216	737
36		332	338	1131	17		211	211	724

附录 C 常用钢的临界点

钢　号	临　界　点 /℃					
	Ac_1	Ac_3（Ac_{cm}）	Ar_1	Ar_3	Ms	Mf
15	735	865	685	840	450	
30	732	815	677	796	380	
40	724	790	680	760	340	
45	724	780	682	751	345~350	
50	725	760	690	720	290~320	
55	727	774	690	755	290~320	
65	727	752	696	730	285	
30Mn	734	812	675	796	355~375	
65Mn	726	765	689	741	270	
20Cr	766	838	702	799	390	
30Cr	740	815	670	—	350~360	
40Cr	743	782	693	730	325~330	
20CrMnTi	740	825	650	730	360	
30CrMnTi	765	790	660	740	—	
35CrMo	755	800	695	750	271	

（续）

钢　号	临　界　点 /℃					
	Ac_1	Ac_3（Ac_{cm}）	Ar_1	Ar_3	Ms	Mf
25MnTiB	708	817	610	710	—	
40MnB	730	780	650	700	—	
55Si2Mn	775	840	—	—	—	
60Si2Mn	755	810	700	770	305	
50CrMn	750	775	—	—	250	
50CrVA	752	788	688	746	270	
GCr15	745	900	700	—	240	
GCr15SiMn	770	872	708	—	200	
T7	730	770	700	—	220～230	
T8	730	—	700	—	220～230	-70
T10	730	800	700	—	200	-80
9Mn2V	736	765	652	125	—	—
9SiCr	770	870	730	—	170～180	—
CrWMn	750	940	710	—	200～210	—
Cr12MoV	810	1200	760	—	150～200	-80
5CrMnMo	710	770	680	—	220～230	—
3Cr2W8	820	1100	790	—	380～420	-100
W18Cr4V	820	1330	760	—	180～220	—

注：临界点的范围因奥氏体化温度不同，或试验不同而有差异，故表中数据仅供参考。

参考文献

［1］ 单小君．金属材料与热处理［M］．北京：中国劳动社会保障出版社，2001.

［2］ 李炜新．金属材料与热处理［M］．北京：机械工业出版社，2005.

［3］ 姜敏凤．金属材料及热处理［M］．北京：机械工业出版社，2005.

［4］ 王英杰．金属材料及热处理［M］．北京：机械工业出版社，2006.

［5］ 丁德金．金属工艺学［M］．北京：机械工业出版社，2000.

［6］ 杨立平．常用金属材料手册［M］．福州：福建科学技术出版社，2006.

读者信息反馈表

感谢您购买《金属材料与热处理知识》一书。为了更好地为您服务，有针对性地为您提供图书信息，方便您选购合适图书，我们希望了解您的需求和对我们教材的意见和建议，愿这小小的表格为我们架起一座沟通的桥梁。

<table>
<tr><td>姓　名</td><td colspan="2"></td><td colspan="2">所在单位名称</td><td colspan="2"></td></tr>
<tr><td>性　别</td><td colspan="2"></td><td colspan="2">所从事工作（或专业）</td><td colspan="2"></td></tr>
<tr><td>通信地址</td><td colspan="4"></td><td>邮　编</td><td></td></tr>
<tr><td>办公电话</td><td colspan="2"></td><td colspan="2">移动电话</td><td colspan="2"></td></tr>
<tr><td>E-mail</td><td colspan="6"></td></tr>
<tr><td colspan="7">1. 您选择图书时主要考虑的因素：（在相应项前面✓）
（　）出版社　（　）内容　（　）价格　（　）封面设计　（　）其他
2. 您选择我们图书的途径（在相应项前面✓）
（　）书目　（　）书店　（　）网站　（　）朋友推介　（　）其他</td></tr>
<tr><td colspan="7">希望我们与您经常保持联系的方式：
☐电子邮件信息　☐定期邮寄书目
☐通过编辑联络　☐定期电话咨询</td></tr>
<tr><td colspan="7">您关注（或需要）哪些类图书和教材：</td></tr>
<tr><td colspan="7">您对我社图书出版有哪些意见和建议（可从内容、质量、设计、需求等方面谈）：</td></tr>
<tr><td colspan="7">您今后是否准备出版相应的教材、图书或专著（请写出出版的专业方向、准备出版的时间、出版社的选择等）：</td></tr>
</table>

非常感谢您能抽出宝贵的时间完成这张调查表的填写并回寄给我们，您的意见和建议一经采纳，我们将有礼品回赠。我们愿以真诚的服务回报您对机械工业出版社技能教育分社的关心和支持。

请联系我们——

地　　址　北京市西城区百万庄大街22号　机械工业出版社技能教育分社

邮　　编　100037

社长电话　（010）88379080　88379083　68329397（带传真）

E-mail　jnfs@ mail. machineinfo. gov. cn